Материалы международной научно-практической

конференции

Актуальные направления фундаментальных и прикладных исследований

4-5 марта 2013 г.

Москва

УДК 4+37+51+53+54+55+57+91+61+159.9+316+62+101+330

ББК 72

ISBN: 978-1483911618

В сборнике представлены материалы докладов международной научно-практической конференции   " Актуальные направления фундаментальных и прикладных исследований "

Все статьи представлены в авторской редакции.

Содержание
Биологические науки

Геолого-минералогические науки

Искусствоведение

Исторические науки

Культурология

Медицинские науки

Содержание

Науки о земле

Педагогические науки

Психологические науки

Технические науки

Содержание

Физико-математические науки

Содержание

Филологические науки

Философские науки

Химические науки

Содержание

Экономические науки

Юридические науки

Содержание

Садртдинова И.И., [1] **Хисматуллина З.Р.** [2]
[1] аспирант кафедры морфологии и физиологии человека и животных,
Башкирский государственный университет
[2] профессор, д.б.н., Башкирский государственный университет
indira.ildarovna@mail.ru

ИЗМЕНЕНИЕ ЭЛЕКТРИЧЕСКОЙ АКТИВНОСТИ НЕЙРОНОВ РЕПРОДУКТИВНЫХ ЦЕНТРОВ МИНДАЛЕВИДНОГО КОМПЛЕКСА В ДИНАМИКЕ ЭСТРАЛЬНОГО ЦИКЛА

Известно, что половые стероиды являются универсальными регуляторами деятельности различных систем и тканей организма, обладая способностью влиять на экспрессию генов, а активизирующий эффект половых стероидов реализуется как гуморальным, так и нервно-проводниковым путем. Экспериментальными исследованиями установлена вовлеченность миндалевидного комплекса (МК) мозга в регуляцию секреции гонадотропинов.

Целью настоящей работы являлось выяснение в модельном эксперименте электрофизиологических коррелятов взаимодействия репродуктивных центров переднего и заднего отдела миндалевидного комплекса в динамике эстрального цикла. Электрофизиологическое исследование в эксперименте с моделированием эстрального цикла проведено на половозрелых самках крыс линии Вистар массой тела 280-330 г. Эксперимент включал несколько этапов. На первом этапе изучали влагалищные мазки самок крыс линии Вистар, которые брали строго в определенное время (12 часов дня) для определения его регулярности, более 80% этой линии имеют регулярные циклы. Далее крысам вживлялись хронические электроды [1,115] в переднее кортикальное и в дорсомедиальное ядро МК, а через неделю после операции проводилась запись фоновой электроэнцефалограммы (ЭЭГ). На втором этапе самки с вживленными электродами в мозг были подвергнуты операции гонадэктомии [3,60]. Через месяц после гонадэктомии была повторно проведена запись ЭЭГ. Далее проводилась заместительная терапия, которая включала в себя введение инъекции 17β эстрадиола (в дозе 1 мкг/100г массы тела животного) один раз в сутки в течение двух дней, а затем (на третьи сутки) введение 17β эстрадиола с прогестероном (доза 5 мг/100г массы тела животного). Запись ЭЭГ проводилась после двух инъекций 17β эстрадиола (на второй день, через три часа после инъекции) и на третий день через три часа после введение 17β эстрадиола с прогестероном.

Результаты визуального анализа ЭЭГ до гонадэктомии, показали, что фоновая ЭЭГ переднего кортикального ядра имеет ритмы различной частоты, амплитуда которых не превышает 30-50 мкВ. Частым типом активности являются низкоамплитудные колебания в α-диапазоне (8-13 Гц) и β$_1$- диапазонах (13-18 Гц), накладывающиеся на дельта (1-4 Гц) и тета ритм (4-8 Гц). Фоновая ЭЭГ дорсомедиального ядра характеризуется разнообразием электрографических комплексов и более высокой амплитудой колебаний, которая достигала 70 мкВ.

Спектральный анализ, направленный на вычисление относительной спектральной плотности (ОСП) [2,242] колебаний в каждом диапазоне, представляющих собой процентные доли от суммарной плотности по всем анализируемым частотным интервалам показал, что наибольшую плотность на ЭЭГ имеют низкочастотные колебания, входящие в Δ-диапазон (1-4 ГЦ) и θ- диапазон (4-8 Гц) (рис.1, 2). Это объясняется тем, что данные ритмы имеют значительно большую амплитуду по сравнению с высокочастотными осцилляциями, что отражается на результатах анализа частотного состава ЭЭГ.

В дорсомедиальном ядре превалируют низкочастотные колебания в Δ - диапазоне, и они выше (60,33±1,83), чем в переднем кортикальном ядре (54,1±1,7). Наименьшие значения ОСП имеют колебания в β$_2$- диапазоне (18-32 Гц) и их представительство в переднем кортикальном ядре в два раза выше (1,14±0,16), чем в дорсомедиальном ядре (0,55±0,11). Указанные различия являются незначимыми.

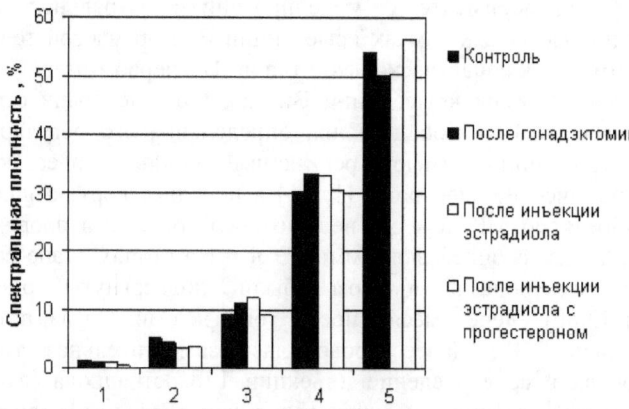

1 - β$_2$ диапазон (18-32 Гц), 2 – β$_1$- диапазон (13-18 Гц), 3 – α-диапазон (8-13 Гц), 4 - θ диапазон (4-8 Гц), 5 – Δ - диапазон (1-4 Гц).

Рис.1. Относительная спектральная плотность колебаний в разных частотных диапазонах на фоновой ЭЭГ, зарегистрированной из переднего кортикального ядра МК мозга.

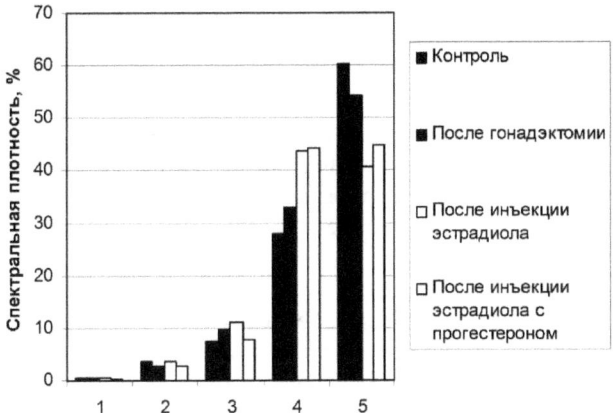

1 - β_2 диапазон (18-32 Гц), 2 – β_1- диапазон (13-18 Гц), 3 – α-диапазон (8-13 Гц), 4 - θ диапазон (4-8 Гц), 5 – Δ - диапазон (1-4 Гц)

Рис.2. Относительная спектральная плотность колебаний в разных частотных диапазонах на фоновой ЭЭГ, зарегистрированной из дорсомедиального ядра МК мозга.

Весьма характерными паттернами для ЭЭГ переднего кортикального ядра были кратковременные участки уплощения – низкоамплитудной дизритмии, сменяющиеся комплексами, состоящими из 2-3 спайков, амплитуда которых колебалась в пределах 30-50 мкВ. Отмечалось также наличие параксизмов из гиперсинхронного α-ритма, комплексов колебаний в β_2 -диапазоне (18-32 Гц) постепенно переходящих либо в участки дизритмии, либо в колебания с меньшими частотными характеристиками (β_1-диапазон, 13-18 Гц).

Через месяц после гонадэктомии была проведена запись фоновой ЭЭГ. Анализ результатов записи показал, что на ЭЭГ при регистрации из переднего кортикального ядра и дорсомедиального ядра присутствуют ритмы различной частоты, амплитуда которых колеблется в диапазоне от 20 до 70 мкВ. В обоих каналах мы видели при визуальном анализе участки низкоамплитудной дизритмии, сменявшиеся паттернами ритмической спайковой активности.

Сравнительный спектральный анализ после гонадэктомии, показал, что происходит снижение ОСП в низкочастотном Δ-диапазоне (1-4 Гц) в дорсомедиальном ядре (при p<0,05). В тета-диапазоне (4-8 Гц) и α-диапазоне (8-13 Гц) происходит повышение ОСП в обоих отведениях, но различия не являются значимыми. И в переднем кортикальном ядре, и в дорсомедиальном ядре в низкочастотном β_1-диапазоне происходит снижение доли ОСП, в высокочастотном β_2-диапазоне значения остаются почти на том же уровне, что и до гонадэктомии.

Далее регистрацию фоновой ЭЭГ у гонадэктомированных крыс из переднего кортикального и дорсомедиального ядер проводили после двукратного введения 17β эстрадиола (в дозе 1 мкг/100г массы тела крысы) с интервалом 24 часа. Изучение цитологии влагалищных мазков у гонадэктомированных крыс показывало картину, характерную для диэструса. Уровень лютеинизирующего гормона в плазме крови был низким (2,73 нг/мл - 6,51 нг/мл).

Анализ фоновой ЭЭГ, регистрируемой из переднего кортикального ядра после проведения гондэктомированным самкам заместительной терапии эстрадиолом, показал, что в низкочастотных диапазонах изменений не происходит. В высокочастотных диапазонах изменения незначительные и различия не являются достоверными.

В дорсомедиальном ядре в низкочастотном Δ-диапазоне (1-4 Гц) после проведения заместительной терапии эстрадиолом наблюдается снижение ОСП с $54,13\pm2,12$ до $40,77\pm2,02$, эти различия значимы при $p<0,001$.

Высокий показатель ОСП в дорсомедиальном ядре имеет тета-ритм (4-8 Гц), он составляет $43,85\pm1,6$. После гонадэктомии, до проведения заместительной терапии, ОСП составляла $32,81\pm1,2$. Сравнение этих двух показателей показывает наличие достоверных различий при $p<0,001$.

Повышается представленность α-ритма с $9,63\pm0,71$ до $11,14\pm1,21$ (при $p<0,01$), с одновременным повышением ОСП низкочастотного β_1-диапазона (при $p<0,05$). В высокочастотном β_2-диапазоне изменений после инъекции эстрадиола не наблюдается.

После двукратного введения 17β эстрадиола через 24 часа (на третий день) внутрибрюшинно вводили 17β эстрадиол с прогестероном.

После проведения заместительной терапии (эстрадиол+прогестерон) спектральный анализ показал повышение ОСП в Δ- диапазоне (1-4 Гц) как в переднем кортикальном, так и в дорсомедиальном ядре. Повышение ОСП в Δ-диапазоне сопровождается снижением ОСП в θ-диапазоне (4-8 Гц): в переднем кортикальном ядре с $33,19\pm1,37$ до $30,34\pm1,55$, в дорсомедиальном ядре он повышался с $43,85\pm1,61$ до $44,31\pm2,31$. В α-диапазоне и в переднем кортикальном, и в дорсомедиальном ядрах имеют место также однонаправленные сдвиги, проявляющиеся в снижении ОСП. При этом в переднем кортикальном ядре снижение происходит с $12,16\pm0,78$ до $9,14\pm1,67$, в дорсомедиальном ядре – с $11,14\pm1,21$ до $7,84\pm1,12$. В низкочастотном β_1- диапазоне ОСП не изменяется ($p>0,05$). Единственным, но значимым изменением ОСП является синхронное снижение выраженности колебаний в β_2– диапазоне (при $p<0,05$), происходящее в переднем кортикальном ядре и в дорсомедиальном ядре.

Проведенный нами спектральный анализ показал, что у крыс линии Вистар до гонадэктомии как в переднем кортикальном, так и в дорсомедиальном ядрах наибольшей спектральной плотностью обладают колебания в Δ-диапазоне (1-4 Гц). В дорсомедиальном ядре более значительно, чем в переднем кортикальном ядре, операция гонадэктомии вызывает снижение выраженности этих колебаний. После гонадэктомии в дорсомедиальном ядре по сравнению с кортикальным ядром возрастает представленность θ-ритма. Изменения спектральной плотности высокочастотных колебаний более плавные.

В переднем кортикальном ядре после введения 17β эстрадиола не происходит значимых изменений спектрального состава ЭЭГ. Эффект инъекции 17β эстрадиола выражен в дорсомедиальном ядре. Это находит отражение в том, что 17β эстрадиол приводит к статистически значимым изменениям ОСП во всех диапазонах, кроме плотности высокочастотных колебаний в β_2-диапазоне (18-32 Гц).

Результаты влияния заместительной терапии выявили, что 17β эстрадиол в совокупности с прогестероном вызывают одновременно достоверное снижение выраженности высокочастотных колебаний в β_2-диапазоне (18-32 Гц) при регистрации из переднего кортикального и дорсомедиального ядер миндалевидного комплекса. Достоверное снижение выраженности колебаний в β_2-диапазоне как в переднем кортикальном, так и в дорсомедиальном ядрах свидетельствует о том, что в них, одновременно, развивается десинхронизация, отражающая развитие тормозных процессов.

В электрофизиологическом эксперименте с моделированием эстрального цикла нами выявлен механизм активации и взаимодействия двух основных репродуктивных центров, расположенных в переднем и заднем отделах МК - переднего кортикального ядра и дорсомедиального ядра. Впервые показано, что введение прогестерона на фоне предшествующих инъекций 17β эстрадиола вызывает одновременную десинхронизацию ритмической активности указанных двух центров в β_2 – диапазоне.

ЛИТЕРАТУРА

1. Буреш, Я. Методики и основные эксперименты по изучению мозга и поведения: пер. с англ. / Я. Буреш, О. Бурешова, П. Хьюстон. - М.: Высш. шк., 1991. - 339 с.

2. Зенков, Л.Р. Функциональная диагностика нервных болезней / Л.Р. Зенков, М.А. Ронкин. - М.: Медицина, 1992. - 640 с.

3. Кабак, Я.М. Практикум по эндокринологии / Я.М. Кабак. - М.: Изд-во МГУ, 1968. – 275 с.

Glyzina O.Yu , Glyzin A.V.
Dr.Limnological Institute SB RAS, Irkutsk
glyzina@lin.irk.ru

STUDY OF SYMBIOTIC PROCESSES IN COMMUNITY *LUBOMIRSKIA BAICALENSIS* UNDER CONTROLLED LABORATORY CONDITIONS

The present article describes our attempts to study a complex biological system, Baikal sponge community (Lubomirskia baicalensis). The sponges were brought from their natural environment into the aquarium. Endemic freshwater Baikal sponges (Lubomirskiidae) are most ancient representatives of Lake Baikal fauna, dominating other benthic organisms in biomass. They make up the bulk of a complex symbiotic community, including exo- and endosymbionts.

As worldwide concern grows over advancing the methods of artificial growth of valuable hydrobiont species, improvement of routine biotechnological approaches to cultivation and monitoring of living organisms in laboratory.

Understanding the responses of a living organism to environmental challenges requires complex monitoring, including observations of the biochemical changes that, as a rule, become obvious later. Therefore, control of the biochemical processes in laboratory allows us to register temporal variations at the earliest stages of the life cycles. Most common, large Baikal sponge, (*Pallas*) was the object of this study. Biochemical and ecological aspects of this species life in laboratory underwent detailed examination [1,961;2,302].

Sponge samples were collected from 10 m depth in Southern Baikal and adapted to artificial conditions in 30 l glass aquaria at 8-12° C in running tap and natural Baikal water during 12 hours of daytime. Mature sponges were kept in 30 l recirculation cooled aquaria. Young sponges were placed in refrigerators with 1 l tanks and recirculation tap and Baikal water set. Observations of the sponge growth and development under accurate control of the water flow, light and temperature were conducted for two years. As a result, methods of long-term maintenance of symbiotic organisms in aquaria were advanced, providing us with an opportunity to continue investigation of endo- and exosymbiont relationships.

Baikal sponges belong to complex symbiotic communities. Among endosymbionts we identified unicellular algae, yeasts and bacteria living inside of the sponge cells . All were intimately involved into physiological processes of the sponge proper and are responsible for hetero- or autotrophic feeding mode. Previous studies [1,963] revealed the following trophic interactions in sponge communities from Baikal: algae → bacteria, sponge → algae, sponge → bacteria, bacteria → sponge, algae → sponge. Fatty acids were used as markers to trace them, since a part of fatty acids was synthesized from the sponges and the other part from symbionts.

For the first time at the Baikal sponges found education reduction bodies (Fig. 1) that can be seen as a sign of community adaptation to adverse conditions. Reduction bodies have a bright green color, size 1 – 10 mm, keep the sponge for about two weeks, then drop to the ground and begin to self development. After six month incubation, reduction bodies were formed on the surface of the sponge, mostly consisting of symbiotic algal cells. In 20-25 days, these reduction bodies left the sponge to grow into full individuals.

Fig. 1. *Lubomirskia baicalensis*, left; reduction bodies – on the sponge surface, right (photo by Glyzina O.Yu.).

Long-term cultivation of sponge colonies and their reduction bodies *in vitro* (freshwater aquarium complex) enabled us to make a life model under experimentally regulated conditions. Use of the freshwater aquarium complex permitted to decrease mortality of the organisms and accelerate their adaptation to this artificial system.

Thus, proper maintenance of endemic hydrobionts, especially complex symbiotic communities in aquarium requires a variety of advanced approaches facilitating keen observation and accurate registration of the changes in their life.

Experimental aquarium set up is used as a powerful tool to reveal new regularities of hydrobiont life within an ultraoligotrophic Lake Baikal ecosystem and assess the changes the organisms undergo under natural and artificial conditions. Such pilot investigations based on modeling and long-term monitoring would allow us to cultivate valuable freshwater hydrobionts in simulated ecosystems.

The English version of this paper was prepared by E.M. Timoshkina.

REFERENCES

1. *Latyshev N.A., Zhukova N.A., Efremova S.M., Imbs A.B. Gluzina O. U.*, 1992. Effect of Habitat on partition of symbionts in formation of the fatty acid poll of fresh-water sponges of Lake Baikal // Comp. Biochem. Physiol. Vol. 102B, pp. 961-965.

2. *Glyzina O.Yu., Baram G.M.*, 2002. Investigation of photosynthetic pigments in symbiont algae of Baikal sponges by high-efficiency liquid chromatography. Khimiya I interesy ustoychivogo razvitiya. 10, pp. 301-305.

Коротков С. А.
аспирант, лаборатория региональной геологии и геотектоники,
Институт геологии и геохимии им. акад. А. Н. Заварицкого
Уральское отделение Российской Академии Наук
korotkov_sa@mail.ru

ПРИМЕР ПРОГНОЗА ЛОВУШЕК УГЛЕВОДОРОДОВ С ПОЗИЦИЙ ФЛЮИДОДИНАМИЧЕСКОЙ КОНЦЕПЦИИ НЕФТЕГАЗООБРАЗОВАНИЯ

По мере исчерпания простых ловушек углеводородов (УВ) дальнейшее развитие нефтегазовой геологии связано с изменением подходов к научно-методическому прогнозу. Согласно флюидодинамической концепции нефтегазообразования, предложенной Б. А. Соколовым, "вертикальная тектонико-петрологическая расслоенность литосферы и верхней мантии выражается чередованием зон уплотнения и разуплотнения... разуплотненные зоны представляют собой вместилища природных породных растворов и расплавов" [2, 8]. То есть, задача сводится к выявлению проницаемых зон в чехле и фундаменте и благоприятных резервуарных условий (коллекторов). Для этого проводится комплексный анализ материалов сейсморазведки и геофизических исследований скважин с позиций секвенс-стратиграфии и динамико-флюидной модели среды (ДФМ). Объектами исследования являются два месторождения, Дружное и Солнечное (названия изменены, так как информация является конфиденциальной), расположенные в разных нефтегазоносных провинциях (НГП).

Секвенс-стратиграфический подход позволяет осуществлять "циклостратиграфическое расчленение осадочной толщи на отдельные ячейки – секвенсы" [3, 24]. Расшифровка состава и строения этих единиц позволяет довольно точно описать распространение пород в пространстве и во времени, и, главное, указать области возможного расположения коллекторов. Каждому элементу секвенса (системному тракту) на сейсмических профилях ставится в соответствие определённая обстановка осадконакопления. Результаты анализа разрезов сверяются с данными, полученными при анализе каротажных диаграмм. В. Б. Писецким предложена дискретная модель среды, в которой рассматривается "организованное множество блоков различного порядка, образовавшихся в результате закономерного процесса разрушения среды с предварительной системой дефектов структуры, заложенной на временных границах седиментационных циклов и событий" [1, 50]. На сечениях ДФМ каждый блок представлен различным цветом (величина коэффициента Пуассона), характеризующим его напряжённое состояние. Эта особенность позволяет проводить точные и безошибочные субвертикальные и субгоризонтальные границы блоков (зоны разуплотнения). Объединение этих двух составляющих предлагаемой концепции, то есть "наложение" секвенс-стратиграфической модели на ДФМ, даёт ключ к прогнозу возможных ловушек нефти и газа.

Месторождение Дружное расположено на шельфе Северо-Восточного Сахалина. Сложность тектонического строения структуры, к которой приурочено месторождение, выражается высокой концентрацией разрывных нарушений различного ранга, сочетанием зон сжатия и растяжения, делением структуры на три части с характерной асимметрией свода. Детальный секвенс-стратиграфический анализ дагинской свиты рассматриваемой площади (рис. 1) позволяет сформулировать следующие особенности ее строения. Выделено 4 секвенса, мощность которых убывает в сторону ее северной периклинали и изменяется от 440 до 133 м. Максимальные толщины наблюдаются во втором и четвертом секвенсах (от подошвы свиты) на западном (поднадвиговом) крыле. Наибольшее развитие регрессивных песчанистых серий, характерных для тракта низкого стояния, наблюдается на обоих склонах над отражающими горизонтами (ОГ) III, V и IX в центральной и южной частях месторождения, а трансгрессивных относительно глинистых серий – под ОГ V и IX. Также встречаются линзовидные песчаные тела тракта низкого стояния (возможно, палеорусла), расположенные на крыльях рассматриваемой площади.

Анализ месторождения Дружное с позиций ДФМ среды подтверждает деление разреза кайнозоя Сахалинского региона на ряд крупных седиментационных комплексов (мегасеквенсов), обособленных региональными несогласиями (рис. 1). На широтных профилях выделяются 4 блока, на меридиональных – 5. Субвертикальные и субгоризонтальные границы (зоны разуплотнения) являются вероятными путями миграции флюида. Наиболее напряженные блоки с высокими значениями коэффициента Пуассона относятся к западному (поднадвиговому) крылу в северной и южной частях месторождения, что является результатом тектонического развития структуры.

В целом, можно отметить, что предполагаемые ловушки приурочены к отложениям 3 и 4 секвенсов на сводах и присводовых частях месторождения, поскольку, согласно работам других авторов по данному региону, отложения первого и второго циклов подверглись постседиментационным изменениям (катагенез и диагенез). Возможно, прогнозируемые залежи являются тектонически и литологически экранированными.

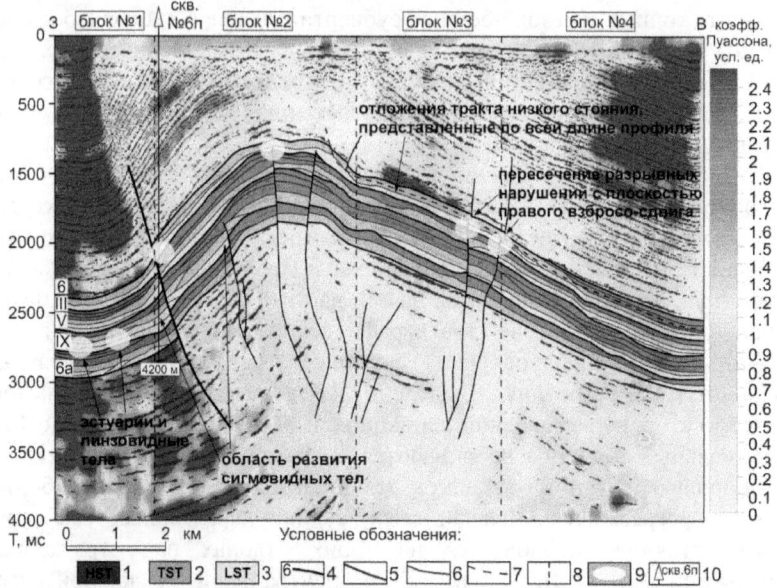

Рис. 1. Пример выделения ловушек углеводородов на одном из сечений модели месторождения Дружное. *Условные обозначения: 1 – тракт высокого стояния уровня моря (HST); 2 – трансгрессивный системный тракт (TST); 3 – тракт низкого стояния уровня моря (LST); 4 – сейсмические горизонты; 5 - главный правый взбросо-сдвиг; 6 – сколы Риделя; 7 – листрические сбросы (правые сдвиги и сбросо-сдвиги); 8 – осредняющие границы блоков (зоны разуплотнения); 9 – вероятные ловушки углеводородов; 10 – проектная скважина.*

Месторождение Солнечное расположено в юго-восточной части п-ва Ямал. Разделено главными разломами на три блока: центральный и опущенные по отношению к нему южный и северный. Характеризуется большим этажом нефтегазоносности. Отличительной особенностью является наличие залежи в породах фундамента, представленных среднепалеозойскими глинистыми известняками. По исследуемой площади была построена только ДФМ среды (рис. 2), в связи с чем, прогноз ловушек УВ не проводится с позиций секвенс-стратиграфии. Анализируя полученные данные, можно отметить следующее: месторождение имеет ячеисто-блоковую структуру; в меридиональном направлении субвертикальные границы делят его на 6 блоков, а в субширотном – на 4; субгоризонтальные границы соответствуют основным сейсмостратиграфическим горизонтам; области с наиболее высокими значениями давления и напряжения приурочены к южной и центральной частям площади; вероятные места скопления УВ предполагаются в зонах пересечения границ блоков.

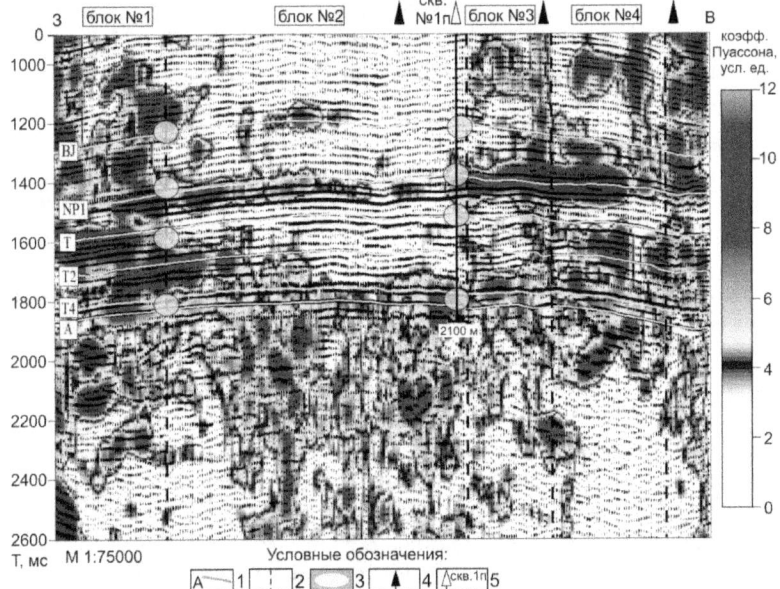

Рис. 2. Пример выделения ловушек углеводородов на одном из сечений модели месторождения Солнечное. *Условные обозначения: 1 – сейсмические горизонты; 2 – осредняющие границы блоков (зоны разуплотнения); 3 – вероятные ловушки углеводородов; 4 – пробуренные скважины; 5 – проектная скважина.*

Резюмируя выше перечисленное, стоит сделать ряд выводов. Все пробуренные скважины на рассматриваемых месторождениях попадают в субвертикальные зоны разуплотнения. На основании рассматриваемой концептуальной модели выделены возможные ловушки нефти и газа. На месторождении Дружное предлагается пробурить проектную скважину №6п на западном крыле южного свода месторождения глубиной 4200 м, которая должна вскрыть продуктивные отложения тракта низкого стояния в основании верхнего (четвертого) секвенса. На месторождении Солнечное скважина №1п с проектной глубиной 2100 м располагается в южном своде структуры и должна вскрыть несколько продуктивных интервалов, в том числе в отложениях фундамента.

Литература

1. Писецкий В.Б. Механизм разрушения осадочных отложений и эффекты трения в дискретных средах // Изв. вузов: Горный журнал. – 2005. – № 1. С. 48-65.

2. Соколов Б.А., Абля Э.А. Флюидодинамическая модель нефтегазообразования. М.: Геос, 1999. – 76 с.

3. Emery D., Myers K. J. Sequence stratigraphy. Oxford: Blackwell Science, 1996. – 297 р.

Ларионова А.С.
доцент, доктор искусствоведения
Институт гуманитарных исследований и проблем малочисленных
народов Севера Сибирского отделения Российской академии наук
degerenan@mail.ru

СИМВОЛИКА ПЕСЕН ЯКУТСКОГО ГЕРОИЧЕСКОГО ЭПОСА ОЛОНХО

Героический эпос олонхо якутов, тюркоязычного народа, проживающего на Северо-Востоке России, объявлен ЮНЭСКО Шедевром устного и нематериального культурного наследия человечества. Он является высокопоэтичным творением народа саха (самоназвание якутов), представляя собой жанр устного народного музыкально-поэтического творчества. Якутский эпос имеет древнетюркские корни. Олонхо как жанр, зародившись в глубокой древности, непосредственно связан с мифологическими представлениями саха, основу которых составляет трехуровневое мировое пространство. Верхний мир заселен небожителями, племенами Айыы – Юрюнг Аар Тойона и Улуу Тойона, имеющими божественное происхождение; Средний мир – людьми и духами-хозяевами природы иччи; Нижний мир – сверхъестественными чудовищными монстрами абаасы, враждебными людям. Основная тематка якутского эпоса посвящена судьбе племен айыы аймага (людей, живущих в Среднем мире) и содержит сказания о подвигах богатырей – жителей Среднего мира, родоначальников племени саха.

Якутские олонхо отличались исключительной масштабностью и продолжительностью повествования и могли включать в себя более, чем 6000 стихотворных строк. Олонхо представлял собой театр одного актера. Исполнители олонхо – олонхосуты сказывали их в течение нескольких долгих зимних вечеров. В.Л.Серошевский пишет: «Известный верхоянский сказочник Манчары, со слов которого Худяков записал многие свои сказки, хвалился передо мной, что он знает такую олонго (олонхо – *А.Л.*), которую можно рассказывать месяц» [11, 590]. Композиционная линия олонхо развивается с эпическим размахом и масштабом, позволившим ярко проявить все богатство эпического стихосложения народа саха с его развитой аллитерационной системой, своеобразно усиленным сингармонизмом гласных.

Якутский героический эпос включает в себя не только вербальную составляющую, но так же и напевы. Олонхо содержит все богатство традиционной песенной культуры саха. Песенные эпизоды якутского эпоса занимают достаточно большой объем в общем повествовании. «Центральное место в древних эпических сказаниях занимают песни-монологи действующих лиц олонхо. Все живое и неживое – люди, звери, птицы, деревья одинаково наделены разумом, свои мысли и чувства они выражают в пении. По данным исследователей, в крупных олонхо песенная часть составляет больше трети всего поэтического текста» [8, с. 28]. Песни в олонхо играют огромную выразительную и драматургическую роль, постоянно чередуясь со словесным рядом. В песенных фрагментах *олонхо* «речи-песни персонажей раскрывают их происхождение, предназначение и цели их действий. Каждый персонаж имеет свой особый напев, характер которого меняется, смотря по обстоятельствам» [13, с. 204].

Песенные разделы олонхо подразумевают два основных типа якутского пения: дьиэрэтии ырыа (протяжная, плавная песня) (термин Ф.Г.Корнилова) и дэгэрэн ырыа (подвижная, ритмичная, размеренная песня) (термин М.Н.Жиркова). В манере дьиэрэтии ырыа исполняются песни положительных персонажей олонхо. Этот показательный стиль якутского традиционного пения относится к древним пластам мелоса и имеет свою только ей присущую семантику. Манерой пения дэгэрэн ырыа пользуются, кроме положительных героев, также трикстеры-слуги. Напевы героев Нижнего мира резко отличаются своим грубым, утрированным звучанием от песен других героев сказаний. В целом можно констатировать, что в олонхо стили пения строго закреплены за каждым героем сказания.

Музыка олонхо пронизана символикой как в узком, так и в широком значении этого слова. Уже начальный зачин «Дьэ буо» песенных разделов якутских эпических сказаний, изложенных в манере дьиэрэтии ырыа, является неким символом, который в алгысах (обрядовое песнопение-мольба) уже начинает приобретать сакральный смысл. С первых же звуков зачина слушатель понимает его значение, оно неотъемлемо связано с высокой духовностью и практически представляет собою узнаваемый культурный код, который понятен каждому якуту. Символическое же значение музыкального искусства многоаспектно. «Характерной чертой языка музыки является наличие в нем разных знаковых уровней (звуковысотного, ритмического, композиционного, исполнительского уровней), где функционируют "микросимволы". Элементы языка музыки находятся во взаимосвязи, один и тот же элемент может взаимопроникать в другой, например, отдельный звук входит в музыкальную тему, тема в свою очередь, в более высоком иерархическом уровне может выступать как импульс, участвующий в развитии формы» [6, 24]. Музыкальное искусство – явление сложное и многосоставное, поэтому и символика в музыке также неоднозначна и многомерна.

Значение символа в музыкальном фольклоре имеет различные смыслы, связанные с мифологическими представлениями и ритуалами разных народов. Символы чрезвычайно живучи. Если обратиться к предыстории человечества, символичным являлись ударные инструменты. Такое отношение к ударным инструментам сохранилось до наших дней. Например, барабан у африканских народов является символом «духа», в том числе и давно умершего Человека, а шаманский бубен якутов олицетворяет собой могучего коня, помогавшего шаману в его путешествиях в Верхний или Нижний миры.

В более поздние времена музыка стала приобретать значение почти божественного, так как стали считать, что ею был сотворен Мир. Например, у египтян бог Тот создал Вселенную звуком своего голоса. В индийской философии высшее мировое начало – Нада Брахман – воплощено в звуке, который является зародышем всего сущего. Символами выражают «вечные истины», которые используются в мифах, культах многих народов, а также в религиозной сфере. Так, одним из ключевых в фольклорной традиции различных этносов является символ мирового дерева. Данный символ, именуемый якутами Аал-Луук Мас или Аал Дууп Мас, имеет аналогии в скандинавских сказаниях «Песнь о Нибелунгах». «Мировое дерево разные народы представляют по-разному. В Индии под священным деревом играет на флейте Кришна. У персов под деревом встречаются два всадника – два персонажа по обеим сторонам дерева – декоративный момент Месопотамии» [12, 199-200].

В скандинавской традиции вертикальная проекция мироздания представлена именно мировым древом – ясенем Иггдрасиль (иначе – Леард), соединяющим девять миров. В «Младшей Эдде» сказано, что Иггдрасиль «больше и прекраснее всех деревьев. Сучья его простерты над миром и поднимаются выше неба. Три корня поддерживают дерево, и далеко расходятся эти корни. Один корень – у асов, другой – у инеистых великанов, там, где прежде была Мировая Бездна. Третий же тянется к Нифльхейму…» [7].

Что касается якутской эпической традиции, то, по словам Н.Е.Емельянова «в редких случаях олонхо обходится без описания священного дерева Аал Кудук Мас, соответствующего мифопоэтическому образу Мирового (космического) древа фольклора народов мира. Образ Мирового древа познания "засвидетельствован практически повсеместно у всех народов земного шара". В якутском эпосе Аал Кудук Мас (аал – священный, кудук – изобильный, мас – дерево) имеет варианты Аар Луук (дуук, дууп) мас (аар – почтенный, священный, божественный; луук, дууп, дуук – (видимо от русск. дуб в якутском произношении)» [4, с. 14]. В якутском эпосе мировое дерево своеобразно связывает три мира мифологической Вселенной. Олонхосут описывает красоту и величие священного древа также необычно и красочно, как и в скандинавском эпосе. В якутском эпосе на Аал Луук Мас «горят золотые свечи, сердцевина его – серебряная, кора его – черненое золото, листья его – шелковые, шишки его подобны кумысным кубкам чоронам, береста его слоистое серебро, цвет его – золотистый. Здесь Аал Луук Мас – не береза и не лиственница, а фантастическое дерево. В его густой листве отдыхают и веселятся богини Айыысыт. Священное дерево источает божественную живительную влагу илгэ, которая течет по его восьми громадным ветвям, образуя истоки восьми могучих рек, по долинам которых размножились бесчисленные четвероногие и пернатые, расселились тунгусы и чукчи, распространились скотоводы-якуты. Здесь символ священного дерева у народа саха отражает архаические взгляды этноса, так как «фольклорный текст обладает способностью сохранять память о своих предшествующих контекстах, и язык (в том числе и музыкальный – *Л.А.*) предстает как универсальная среда, в которой отложились древнейшие мировоззренческие представления, ментальные стереотипы и ключевые концепты, раскрывающие национальное свеобразие культуры» [2, 77-78].

Другим значимым для народа саха символом является дух-хранитель очага. Аналогичные представления характеризуют верования многих народов мира. Сагайцы верили, что «дух огня растит и греет всякое живое существо; как только дух отходит от этого существа, оно умирает, т.е. тело приобщается к земле» [10, 595]. Дух-хранитель домашнего очага, именуемый якутами Аал уот иччитэ Хатан Тэмиэрийэ, был распространен также еще в Древнем Риме. Очаг по представлениям многих народов – это «центр дома, обеспечивающий благополучие дома и всех его обитателей. Очаг считался местом, где осуществлялись магические действия, и, по представлениям людей, в нем обитали духи дома. Огонь в очаге постоянно старались поддерживать, так как он никогда не должен затухать, иначе без огня утрачивал свою благотворную силу. Очаг – символ изобилия и богатства в доме» [12, 245].

У якутов дух-хранитель домашнего очага также пользуется всеобщим почитанием и при обращении к нему перед приемом пищи в огонь клали лучшие кусочки еды, т.е. кормили Хатан Тэмиэрийэ, чтобы он лучше охранял живущих в этом доме, не впускал разные болезни, оберегал людей от холода и несчастий, его изображают старцем.

Мифологические представления народа саха находят отражение в якутском героическом эпосе олонхо. Поэтому и олонхо можно рассматривать как источник символических значений в якутской культуре. В якутских олонхо символичны не только представления народа о духах-иччи и обряды, проводимые героями сказаний, но и песни, которые поют персонажи олонхо. В содержании песен зачастую находят отражение мифологические взгляды якутов. Например, в олонхо «Кыыс Дэбэлийэ» в исполнении Н.П.Бурнашева из Усть-Алданского улуса, записанного в 1941 г. [14], главная героиня сказания, уходя на битву, прощается с духом-хранителем домашнего очага и просит у него удачи в бою. Обращение к духам-иччи имеет у якутов магический смысл. Данные слова девы-богатырки можно сравнить с традиционным алгысом, когда происходит обрядовая церемония, во время которой духа-огня кормят и одновременно просят его благословения.

Вполне возможно, что и музыкальная составляющая якутского героического эпоса олонхо также может иметь символическое значение. Так, «Алгыс-благословение огня. Песня Модун Эр Соготоха» из олонхо В.О.Каратаева «Могучий Эр Соготох» [15] - это обращение к духу домашнего очага поется в манере дьиэрэтии ырыа, придавая этому стилю пения символическое значение. Он начинается с зачина «Дьэ буо!», открывающего практически все запевы песен в этом стиле якутского традиционного пения. Таким образом, у якутов сам этот зачин связан с высоким сакральным смыслом, а тип пения дьиэрэтии ырыа является маркером доброго, светлого, так как этот стиль якутской песенности связан с положительными образами олонхо: богатырями Среднего мира и невестами героев, и этим стилем поют также герои Верхнего мира. Все песни богатырей-айыы излагаются типом якутского пения дьэртии ырыа. Айыы[1] в представлениях якутов – это добро, доброе начало, добродетель, поэтому и данный тип традиционного пения народа саха связан только с добрым началом.

С сакральностью связан и традиционный напев Шаманки Верхнего мира Айыы Удаган ырыата, изложенный в манере дэгэрэн ырыа. Когда стерх в олонхо поет именно этот напев, всем понятно, что это поет Айыы Удаган, превратившаяся в стерха. Этот мотив, изложенный в хореическом ритме, очень напевен и характеризуется покачивающимся мелодическим рисунком в неспешном темпе. Для ее интонации характерно следующее: после повтора нижнего тона следует скачок на ч.4 вверх. В процессе пения периодически повторяется средний тон напева [1, 25]. Этот напев непосредственно привязан к данному образу и встречается во многих сказаниях якутов.

Женские образы олонхо зачастую связаны с символическим звукоизображением плача. На основе подражания плачу построен начальный зачин женских положительных образов, героинь повествования. Например, «Плач девы Среднего мира Айыы Налырдан» из олонхо П.П.Ядрихинского «Кюн Джеселлют богатырь» начинается с зачинных слов «Ыыйбыан! Ууй-ууйбуон!» [8, с. 133-136], представленных вокализованным распевом, характерным для вступительных разделов песен стиля дьиэрэтии ырыа. Для «Прощальной песни Туналыкан Куо» из *олонхо* В.О.Каратаева «Могучий Эр Соготох» [15, с. 71] свойственен несколько иной вариант зачина. Он открывается традиционным вокализованным распевом возгласа «Дьэ-hэ(м)!», после которого следует собственно имитация плача «Ыгыый-ыгыыйбын». Данная имитация представляет собой уже собственно мелодическую формулу напева, где каждый слог распевается двумя восьмыми. При появлении первых же звуков подобного зачина в эпическом

---

[1] По словарю *айыы* переводится как «I 1. *и д.* от **ай**= созидание; 2. творение, создание. **айыы** II 1) *миф.*, *фольк.*, доброе начало; доброе божество, добрый дух» [16, 35].

повествовании слушатель сразу понимает, что это начинает свое пение женский персонаж.

Но героини олонхо не только плачут. Имеются у народа саха олонхо, в которых главным культурным героем является не богатырь, а женщина-богатырка. «Сказания о женщинах-богатырках объединяет такая общая черта, как изображение женщин-богатырок, обладающих неимоверной силой, защищающих не только себя, но и своих близких людей от эпических чудовищ. Образ женщины-богатырки – отражение времени о всемогуществе женщины-воина» [3, 150]. Показательным в этом отношении является олонхо Н.П.Бурнашева «Кыыс Дэбэлийэ» [14]. Хотя отсутствуют нотные расшифровки данного олонхо по аналогии можно предположить, что песни данной героини начинались с традиционного зачина «Дьэ буо!», после которого следовал напев в манере дьиэрэтии ырыа.

Песни героев Нижнего мира (абаасы) представляют собой характеристику всего отрицательного. Слово абаасы означает «зло, злое начало, все неблагоприятное, враждебное человеку, причиняющее ему вред или неприятность, все противное интересам человека, всякое непонятное или противное обычаям явление, дурное настроение, всякое дурное качество, свойство, которое кто-либо не всегда может подавить в себе; самая способность причинять зло, вред, неприятность» [9, стлб. 5-7]. Представительницей Нижнего мира является девка-абаасы. Ее образ распространен в олонхо различных регионов Якутии. Напевы этого отрицательного персонажа вызывают ассоциацию с чем-то низменным и порочным. Так описывает этого персонаж Н.Н.Николаева: «Образная характеристика плотоядной девы Нижнего мира в ее следующим словах "Иэхэликпин-таһылыкпын! Настал тот день, когда сын айыы самолично явился передо мной! Давай, нойон, старого человека не мучай, скорей садись на мою сковородку"» [8, 125]. В нотных расшифровках С.А.Кондратьева данный персонаж дополнен следующей характеристикой: «Уродливая сестра "темного" богатыря пытается соблазнить героя эпопеи, спустившегося в Нижний мир для борьбы с его властелином» [5, 168].

Ее традиционный зачин «Иһиликпин! Таһылыкпын» ассоциируется только с характерным для нее напевом, со скачками мелодии в инициали мелострофы в ритме, где акцентной является вторая слабая доля, часто исполняемая с кылысахом или фальцетным звуком голоса. Затем происходит повторение этого скачка в более узком интервальном соотношении ровными длительностями.

Существуют различные варианты этого напева, так как известна вариативность исполнения фольклора. В образе девки-абааһы подобными музыкальными средствами передано злое и отрицательное начало. Следовательно, символика зла выступает в целостности тембровой, музыкально-словесной, образной характеристики данного персонажа.

Все представленные песенные разделы олонхо являются напевами-символами для якутской традиции, и символами в них могут выступать в единстве всех компонентов, включая отдельные звуки, метроритмику, мелодию напевов, вербальную составляющую, а также тембровое оформление. Таким образом, можно говорить о символизме практически всех напевов олонхо независимо от того, в какой манере песня излагается. Все напевы и типы пения якутских эпических сказаний всегда узнаваемы теми, кто принадлежит к этой культуре. Они несут в себе определенную смысловую нагрузку, являясь своеобразными символами, перешедшими позже в другие жанры традиционной пенной культуры народа саха.

Литература

1. Алексеев Э., Николаева Н. Образцы якутского песенного фольклора. – Якутск, 1981. – 100 с.
2. Габышева Л.Л. Фольклорный текст: семиотические механизмы устной памяти. – Новосибирск, 2009. – 143 с.с.
3. Данилова А.Н. Эпосы о женщинах-богатырках // Наука и образование. – Якутск, 2006. – № 4. – С. 149-151.
4. Емельянов Н.В. Якутские мифы и олонхо // Поэтика эпическоого повествования: Сб. науч. тр. – Якутск, 1993. – С. 3–19.
5. Кондратьев С.А. Якутская народная песня. – М., 1963. – 180 с.
6. Лазутина Т.В. Онто-гносеологические и аксиологические основания языка музыки. Автореф. дисс. – Екатеринбург, 2009. – 38 с.
7. Младшая Эдда. [Электронный ресурс] www.lib.rus.ec
8. Николаева Н.Н. Эпос олонхо и якутская опера. – Якутск, 1993. – 187 с.
9. Пекарский Э.К. Словарь якутского языка: В 3 т. – М., 1958–1959.
10. Радлов В.В. Наречия тюркских племен, живущих в Южной Сибири и Джунгарской степи. – СПб., 1907. – Отд. I, ч.9: Наречия урянхайцев (сойотов), абаканских татар и карагасов: Тексты, собранные и переведенные Н.Ф.Катановым. – 649 с.
11. Серошевский В.Л. Якуты. Опыт этнографического исследования. – 2-е изд., – М., 1993. – 736 с.
12. Символы и знаки. Современная энциклопедия. Ростов н/Д. - М., 2008. – 640 с.
13. Эргис Г.У. Очерки по якутскому фольклору. – М., 1974. – с. 402.
14. Якутский героический эпос «Кыыс Дэбэлийэ». – Новосибирск, 1993. – 330 с. (Памятники фольклора народов Сибири и Дальнего Востока).
15. Якутский героический эпос «Могучий Эр Соготох». – Новосибирск, 1996. – 440 с. (Памятники фольклора народов Сибири и Дальнего Востока; Т. 10).

16. Якутско-русский словарь / Под редакцией П.А.Слепцова. - М., 1972. 606 с.

Дворецкая Т.А.
Дальневосточный федеральный университет,
Школа гуманитарных наук, направление «история» 4 курс.
Дударенок С.М.
Дальневосточный федеральный университет,
Школа гуманитарных наук, доктор исторических наук, профессор.

ТЕАТРАЛЬНАЯ АНТРЕПРИЗА В ПЕРИОД ДВР. (НА ПРИМЕРЕ Г. ВЛАДИВОСТОКА)

В 1920 с принятием правительства Советской России решения об образовании на территории Дальнего Востока самостоятельной «буферной» республики – ДВР, начинается новый этап в развитии театрального дела на Дальнем Востоке России. Приоритетным направлением «буферного государства» юридически закрепленным в Конституции ДВР становиться просветительская работа среди народа.

Владивосток в этом отношении представляет особый интерес т.к. с начала XX века именно Владивосток становится культурным центром региона, местом сосредоточения наиболее маститых антрепренеров (Е.М.Долин, Арнольдов), чья деятельность на протяжении дореволюционного периода, способствовала становлению профессионального театра в регионе.

Первая Мировая война отбросила театр далеко назад. На сцену проник шовинистический угар, большая драматургия сменилась миниатюрами, на которые приходилось 65% всего репертуара [1,4].

Театральное действо в театре миниатюр строилось на сочетании различных жанров и типов драматических произведений. Помимо фарсов, маленьких пьес, выступали куплетисты, рассказчики, танцовщицы, гимназисты, фокусники. Словом, это представление было рассчитано на все вкусы, на любую публику.

Немаловажно, что театры миниатюр ввели более свободные правила посещения: можно было войти и выйти из зрительного зала в любой момент, разрешалось не снимать верхнее платье, относительно дешевы были билеты, сам театральные вечер был кратким. Дивертисментный тип представления отвечал ускоренному ритму жизни населения.

Говоря об основных посетителях, И.Ф. Петровская – авторитетный исследователь русского театра предлагает классификацию театральной публики охваченного периода: «Имея в виду отношение к театру – мотивы обращения к нему, интересы, вкусы и т.д.».

К *первой группе* Петровская относит – театральную критику. Частично к ней можно отнести местных журналистов, писавших о театре, и ориентировавшихся на своих столичных коллег. Отчасти это были представители высшего дворянства, большую часть жизни, проведшие в столицах и имевшие возможность сравнивать. Представители этой группы признавали за театром важное место среди искусств и в социальной жизни в целом. Требования этой группы, несомненно, сказывались на развитии театрального искусства» [2,131].

Ко *второй группе* относятся мещане, так называемая «большая публика», «господ в шляпах и шляпках». Эта публика составляла основную массу посетителей театра. Она определяла коммерческую состоятельность театра [2,132]. Требования ее полностью соответствовали двум основным тенденциям времени: театр должен служить умственным интересам, но и не забывать о возрастающей развлекательной функции.

К *третьей группе* исследователь относит «простой народ». «Это необразованные или малообразованная часть городского населения, рабочие, ремесленники, домашняя прислуга, мелкие торговцы, солдаты и т.п.» [2,133]. Эта часть публики смотрела на театр как на способ разумного проведения досуга.

В целом можно сказать, что к началу 1920 г. театральная жизнь города отличалась активным участием в ней различных слоев общества.

Антрепренеры старались чутко реагировали на запросы публики. Поэтому, начиная с 1920-х гг. в городе повсеместно начинают свою работу «театры миниатюр».

Помимо известного и популярного Интимного театра под управлением Е.М. Долина, созданного в 1915 году [3, 7], во Владивостоке открылось еще несколько театров: «Голубой глаз» под управлением В.Барского и А. Россова (май 1920 – начало 1921), театр под управлением и режиссурой драматического актера М.А. Смоленского (апрель-июль 1921 г.), «Привал комедиантов» под управлением А. Россова (июль 1921 г.) [4,187]

Отмечая активный интерес публики к появлению театров миниатюр Дальневосточная критика пыталась выявить причины такого интереса: «Очевидно, этот вид театрального искусства наиболее соответствует запросам публики и совпадает с внешними условиями жизни» [5,6].

Однако с принятием в 1921 году закона о введении налога с билетов для входа в театры, положение частных антреприз усложняется. Размер налога определялся 20% с общей цены билета, кроме того, владельцы театров должны были периодически организовывать бесплатные спектакли для бойцов и предоставлять скидки на билеты для членов профсоюзов [6,68].

В результате цены на билеты частных театров возросли. Это приводило к банкротству антрепренеров и роспуску трупп.

В этот период наряду с профессиональным театром возникает большое количество самодеятельных творческих коллективов, на которые возлагалась задача осуществлять культурно-воспитательную деятельность. С целью поддержки государство освобождало их от уплаты налогов со спектаклей и концертов при условии, что «более половины отчислений с каждой постановки шло на культурно-просветительские цели» [7,108].

Кроме того, в помощь драматическим кружкам отдел искусств направлял инструкторов, высылал тексты пьес, а также театральные принадлежности.

Наиболее предприимчивые из антрепренеров или, как их называли, «коновалы театрального дела», стали использовать антрепризу в личных целях. Многие из них, уразумев, что доходы их напрямую зависят от вкусов зрителей (а вкусы отличались непритязательностью), предпочитали классическим пьесам «кассовые» поделки, начинали требовать репертуарного «верняка», скатываясь на путь кассового успеха любой ценой [8,53].

Однако отсутствие жанрового разнообразия, отсутствия разнообразия в стиле и режиссуре, привело к низкой посещаемости театров. Отсутствие стабильной меценатской финансовой поддержки, эмиграция части состоятельной публики, а также сложности военного времени во Владивостоке привели к шаткому положению частных антреприз Долина Дарова, Патушинского, Арнольдова и др., что выражалось отсутствием постоянного театрального помещения и гарантированного жалования артистам. В итоге, не найдя поддержки со стороны государства, антрепренеры «составили ряды» Русской белой эмиграции в поисках лучшей доли.

Эмигранты обосновались в Харбине, Шанхае, Токио, Кобе, Осаке, Киото, Париже, Праге, Берлине, в некоторых городах Америки, создав там мощные очаги культуры [4,194].

Список источников и литературы:

[1]ГАПК: Далекая окраина (Газета. Владивосток). 1914-1917.

[2]Шавгарова А.В. Становление и развитие театральной культуры на Дальнем Востоке (конец XIX – начало XX века). Дис. на соиск. учен. степ. канд. исторических наук. Владивосток, 2002. 215с.

[3] ГАПК: Эхо (Газета Владивосток).1920.

[4]Королева В.А. Вечерний Владивосток: театральная жизнь 1917 – первая половина 1920-х гг.// Ночь: Ритуалы, искусство, развлечения. Глубины темноты/Ред.-сост. Е.В. Дуков. М.:ЛЕНАНД, 2009. 280с.

[5] ГАПК: Голос Родины (Газета. Владивосток). 1921.

[6] Культурная жизнь в СССР (1917 – 1927 гг.). Хроника /под ред. Л.В.Иванова, Р.А. Клюкова). М.,1975. 219с.

[7] Иванов А.С. Дорога длиною в век. Хабаровск.1994. 288с.

[8] Осипова Э.В. Театральная жизнь дальневосточной республики //Россия и АТР. 2006. №1. С.48-55.

Р.И. Бравина[1], Д.А. Николаева[2], Д.М. Петров[3]
[1] зав. сектором археологии Института гуманитарных исследований проблем малочисленных народов Севера СО РАН (г. Якутск), д.и.н., профессор
[2] докторант Университета Версаля Сан-Кантан-ан-Ивелин (Франция),
[3] студент Северо-Восточного Федерального университета (г. Якутск)
Элект. адрес: bravinari @ bk.ru

КУЛЬТУРА ВСАДНИКОВ ЗАПОЛЯРЬЯ (ПО МАТЕРИАЛАМ ЯКУТСКИХ ПОГРЕБЕНИЙ XVIII В.)

Вся территория Верхоянья входит в зону сплошного распространения вечной мерзлоты, и, несмотря на крайне неблагоприятные природно-климатические условия, издавна была местом взаимопроникновения разных культур, территорией постоянных межэтнических контактов. Целенаправленные археологические изыскания памятников позднего средневековья якутов Верхоянья начались с 2010 г. и связаны с деятельностью международной Саха-французской археологической экспедиции. Погребения расположены на невысоких террасах лугов, что диктуется характером сенокосно-пастбищной системы хозяйства якутов. По всей вероятности, горы не входили в культурный ландшафт якутов, воспринимаемый ими как «чужое» пространство. По свидетельству И.А. Худякова, верхоянские якуты называли горы *чубуку сирэ* (букв. земля горных баранов), где проживали *таас омуктара* («горные инородцы») [9, с. 99].

Основным занятием верхоянских якутов являлось коневодство, что наглядно иллюстрируется материалами раскопок погребений с конем, которые являются одним из ярких свидетельств об этнокультурных связях якутов с тюрками Саяно-Алтая. Исследователи отмечают их сходство с захоронениями усть-талькинской культуры юга Средней Сибири XII-XIV вв. Это наглядно демонстрирует как положение коней - на животе/боку с подогнутыми ногами, так и инвентарь (удила, стремена, пряжки, кольца) [5, с.159]. На территории Верхоянья обнаружены три погребения с конем, притом разного типа. Так, в погребении Боронук конь уложен на правый бок. При раскопках погребения Тюмээски на разных уровнях глубины были найдены предметы конской упряжи: детали седла, упряжки подпруги, удила, стремя, а также отдельные кости лошади - нижняя челюсть, ребра, левая половина тазовой кости, копыто. В 9 м к востоку от данного захоронения зафиксирована западина второй могилы, вероятно, принадлежащей хозяину лошади. Из-за мерзлотной линзы было принято решение законсервировать погребение. По свидетельству Я. Линденау, у якутов на похоронах убивали несколько лошадей: одних верховых хоронили рядом с хозяином, а других съедали и вешали их шкуры на деревьях [4, с.41]. В данном случае, видимо, забили одну лошадь, мясо съели, а кости с предметами верхового убранства похоронили в отдельной яме рядом с могилой хозяина.

В погребении Уус Сирэ на глубине примерно 50 см обнаружен череп лошади, уложенный на крыше гробницы. Посредине черепа имеется пролом округлой формы, вероятно, нанесенной тяжелым предметом. В этом плане интерес представляет описание И.А. Худякова обычая закалывания поминальной лошади у верхоянских якутов: «Собственную верховую лошадь покойника или покойницы седлали во весь убор, как она осёдлывалась при жизни хозяина, затем ее обгоняли по всему тому месту и полю, где он (или она) жил; это делалось для того, чтобы лошадь простилась с солнцем и светом. Затем лошадь вводили в нарочно сделанный для этого случая загон. Самый сильный человек ударяет ее дубиной так, чтобы она померла не дрогнув; и если лошадь помрет сразу от одного удара, то родственники покойного радуются, а если нет, то думают, что, верно, и покойник-хозяин мучается на том свете, и родственники его плачут, предполагая, что, пожалуй, и из них кто-нибудь вскоре помрет. До сих пор при похоронах якуты считают необходимым убить лошадь, на которой покойник должен влететь в царство небесное, а иначе ему не на чем будет явиться, и покойник на том свете будет ходить пешком…» [9, с. 269].

Следы коневодческой культуры прослеживаются и в обычных погребениях. В 200 м от двойного погребения Тысагастаах зафиксировано ритуальное сооружение куочай кэрэх. “Куочай”- палка в сажень длиною, отделанная в виде стрелы и надетая высоко над землей на сучок между рассохами какой-либо старой, ветвистой лиственницы» [5, стб. 1237], на которой вешали шкуру и череп поминальной лошади хоолдьуга. Палка куочай служила при этом «указателем дороги» в загробный мир. В данном случае острие палки направлено на запад, что совпадает с ориентировкой могилы. Возле ног погребенных находились деревянная миска кытыйа и 6 конских ребер.

До принятия христианства арангасная, или так называемая «воздушная» форма захоронения, существовала в Якутии повсеместно. В местности Ыккыл во II Энгэсском наслеге было вскрыто воздушное захоронение на настиле, сооруженном на столбах-сваях, высотою 135 см от земли. Внутри гроба-ящика из плах находился костяк мужчины, лежащего на спине, головой на север, с руками, вытянутыми вдоль тела. Под головой было уложено седло. Поза «голова на седле» является традиционной для тюрко-монгольских кочевников [7, с. 95, 102, 108].

Сравнительный анализ погребальных памятников Верхоянья с данными археологических исследований, проведенных ранее в центральной и вилюйской группах районов, подтверждает единство и общность культуры якутов по всей территории их расселения. Через

Верхоянские горы якуты продвигались и дальше, расселяясь в низовьях Лены, Колымы, Индигирки, проникая далеко за Полярный круг. Здесь якуты встретили юкагирские, эвенские и эвенкийские роды. В преданиях описываются стычки между ними из-за промысловых угодий [3, с. 155-156]. Однако в реалии, во всяком случае в XIX - начале XX в. установились вполне крепкие добрососедские отношения между якутами и коренными народами Севера. Так, у якутов эвены и эвенки обменивали на пушнину коровье масло, сметану, говядину, конские хвосты, женские украшения из серебра. Постепенно эвены *тюгясиры* и группа алданских эвенков *кюпцы*, живущие по соседству с верхоянскими якутами перешли на якутский язык. Д. Травин, в 1926 г. побывавший в экспедиции у тюгясиров писал: «Старик-тунгус являлся совладельцем встреченного табуна. Так, тунгусская культура соприкасется с якутской, имея в себе почти на 50% элементов того и другого» [см.: 1, с. 97]. Верхоянские якуты в свою очередь наряду с традиционным скотоводством начали развивать и оленеводство. По данным документа 1914 г. по раскладу земельных участков, в I Юсальском наслеге кроме конного и рогатого скота имелось 2601 голов взрослых оленей [8, с. 218]. Однако последнее не внесло существенных изменений в основе хозяйства якутов, которые, будучи наследниками степной культуры ранних кочевников, в результате адаптации конного скота в условиях Заполярья вывели особый – янский тип якутской породы лошади [2, с.15].

Литература

1. Алексеев А.А. Эвены Верхоянья: история и культура (конец XIX – 80-е гг. XX в.). – СПБ.: ВВМ, 2006. – 248 с.

2. Бравина Р.И., Степанов Н.С., Алексеева С.Г. Священная лошадь Саха. – Якутск: Бичик, 2012. – 184 с.

3. Ксенофонтов Г.В. Эллайада. – М: Наука, 1977. - 247 с.

4. Линденау Я.И. Описание народов Сибири (первая половина XVIII в.)./ Историко-этнографические материалы о народах Сибири и Северо-Востока. - Магадан: Кн. изд-во, 1983. - 176 с.

5. Николаев В.С. Погребальные комплексы кочевников юга Средней Сибири в XII – XIV веках: усть-талькинская культура. – Владивосток; Иркутск: Изд-во Института географии СО РАН, 2004. – 306 с.

6. Пекарский Э.К. Словарь якутского языка. – М.: Изд-во АН СССР, 1959.

7. Семейная обрядность народов Сибири (опыт сравнительного изучения). – М.: Наука, 1980. – 240 с.

8. Суордахский наслег Верхоянского улуса. – Якутск: Изд-во ЯГУ, 2005. – 228 с. (на якут. яз.).

9. Худяков И.А. Краткое описание Верхоянского округа. – Л.: Наука, 1969. – 440 с.

Воробьева Е.С.

ассистент кафедры культурологии Дальневосточного Федерального университета, Школа искусства, культуры и спорта

ТОЧКИ СОПРИКОСНОВЕНИЯ КУЛЬТУР: РОССИЯ-ЯПОНИЯ

В Японии сейчас весьма популярен термин «близкие далекие соседи». Это выражение характеризует отношения между Россией и Японией, сложившиеся после Второй мировой войны. Настолько ли мы далеки и где проходят точки соприкосновения наших культур? Обратимся к истокам – к мифологическим, религиозным представлениям о мире.

Как известно, в Японии исповедуется несколько религий – синтоизм и буддизм; свой отпечаток оставили конфуцианство и даосизм; есть и христиане. В результате возникает синкретизм. Многие японцы не могут ответить четко кто же они – конфуцианцы, буддисты, синтоисты. Что же касается свадеб, обрядов, связанных с рождением, обеспечением плодородия земли, то здесь абсолютный приоритет принадлежал синтоистским жрецам. Свадьбы играют по синтоистским ритуалам в святилище Идзумо тайся, ведь Окунинуси, которому посвящен этот храм, считается божественным покровителем молодоженов. А вот похоронные обряды в исторической Японии всегда отправлялись буддийскими священнослужителями — именно они были «ответственны» за «проводы» души покойного в мир иной.

Российская ментальность так же претерпела метаморфозы – от язычества, политеизма – к единобожию и христианству. Однако, у нас традиции язычества неистребимы, – несмотря на тысячелетнюю историю православия, играют масленицу, колядуют и прыгают через костер на Ивана Купала.

Впервые термин японской религии «синто» встречается в письменных памятниках VII века. В это время на основе местных разрозненных религиозных культов в центральной части острова Хонсю начинается формирование единой для древнеяпонского государства религии, что было связано, в первую очередь, со становлением централизованного государства с его потребностью в унифицированной идеологии.

Несколько позднее в хронологии, в 988 г. поиск религии, способной объединить и подчинить разрозненные славянские племена в централизованное государство привел князя Владимира так же к идее единой религии.

В Японии попытка сведения мифов отдельных родовых и территориальных образований в единую стройную систему и составляет основу синто. Хотя эта задача никогда не была решена на практике окончательно, и наряду с официально зафиксированными пантеоном и мифами синто всегда существовало множество их локальных вариантов. Основной задачей этих сводов было обоснование легитимности «правящего» рода. Возникло религиозное и властное противостояние между кланами Идзумо и Ямато. Данное противостояние отражено в мифе о том, как бог ветра Сусаноо Микото был изгнан на землю Идзумо за свое буйство. Здесь Сусаноо отвоевал у восьмиголового дракона свою невесту, этой землей его потомки, включая пра-пра-правнука – божественного Окунинуси. Слава царства Идзума была столь велика, что затмевала другие государства. И лишь уступив просьбе богини Солнца Аматэрасу (сестры Сусаноо), Окунинуси передал бразды правления японской землей Ниниги-но Микото, посланному на землю, чтобы создать царство Ямато. Так через миф мы узнаем о том, как победил клан Ямато, а религиозные воззрения клана распространились на большую территорию, из локальной религии превратившись в глобальную.

На Руси также была предпринята попытка возвести локальное божество в ранг альфа-бога. Владимир Святославич понял, что удерживать власть лишь силой, нельзя. Нужна была другая сила. Владимир увидел её в религии. Еще в 980 г., едва заняв княжеский престол, Владимир попытался приспособить язычество к потребностям государства. На высоком холме князь приказал поставить деревянных идолов шести богов, над которыми возвышался грозный Перун, бог молний, с серебряной головой и золотыми усами. Однако другие славянские племена были недовольны тем, что Владимир возвысил бога полян, т.е. локального бога.

Характерной чертой синтоистской мифологии является соединение в ней мифов земледельцев, охотников и рыбаков, племен алтайской и аустронезийской языковых групп, что отражает сложный процесс этногенеза японцев. Наблюдаются определенные параллели и с шаманистическим комплексом обитателей Корейского полуострова. Однако основными в синтоизме следует признать все-таки аграрные обряды. Это было связано с тем, что раннеяпонское государство было, прежде всего, государством земледельцев, главным образом рисоводов.

И в русских религиозных истоках лежит культ земледелия и плодородия. Народ долго справлял праздники по народному земледельческому календарю. Божество славяно-русской мифологии, связанное с плодородием – Ярило. Культ Ярилы сопровождался карнавальными играми, плясками. Мокошь – сама мать сыра земля предстает в образе этой богини. Известны славянские обряды, когда сожжение чучел Масленицы или Коляды происходило на пашне, что символизировало будущее плодородие и обильный урожай.

«Известно, что древние японцы обожествляли природу. Они считали, что у гор, рек, деревьев есть своя душа, вернее – духи – («ками»), выбиравшие эти места для обитания. Соответственно, люди возносили молитвы к этим вместилищам духов, прося их о защите и поддержке».[3, 31] Большую роль в синтоизме играют локальные ландшафтные божества, считавшиеся охранителями той или иной местности, а также людей, там обитавших. В особенности это относится к божествам гор, поскольку именно горы являлись основными сакральными точками пространства: считалось, что именно там обитают души предков. Не случайно, что большинство синтоистских храмов также было расположено в горах. Вместе с формированием в культуре эстетических представлений природным ландшафтным объектам были приписаны эстетические характеристики, чем и объясняется «повышенное» внимание, уделяемое японской литературой и искусством пейзажным жанрам.

Древние славяне так же населяли леса, реки, болота и другие природные объекты «нечистью» – существами, которые могли и навредить человеку, поэтому их надо было задобрить или общаться с ними достаточно осторожно. До сих пор все знают, что леший (лесовик, лешак, лесной дядя, лисун), – в верованиях восточных славян дух леса, враждебный людям. Внешне напоминает человека, только сильно косматого, со спрятанными в гуще волос рожками. Лапти обувает не на ту ногу, левую полу одежды запахивает поверх правой. В лесу старается сбить людей с дороги, напугать. Чтобы не поддаться лешему, в лесу ничего нельзя есть. Встреча с лешим — излюбленный сюжет северорусских бывальщин. Популярен образ водяного – демона в образе старика, обитающего в омутах, колодцах и других водоемах, иногда в море (в русском фольклоре — морской царь). Молодым людям особенно следовало избегать русалок. Русалка – это мифический образ у восточных славян, особенно у украинцев и южных русских. В образе русалки сочетались черты духов воды (речные русалки), плодородия (полевые русалки), «нечистых» покойников (утопленниц) и пр. Молодого парня они могли утащить на дно. Чтобы задобрить русалок, устраивали в их честь русалии – весенние языческие праздники. Существуют и образы существ даже более древних, глубинных. К примеру – упырь, в славянской мифологии мертвец, сосущий кровь у людей (а также у некоторых животных). Вера в них упоминается в древнерусских поучениях против язычников как более древняя по сравнению с поклонением Перуну. Славянские предания об упырях в Европе преобразились в вампиров. Деревенские жители много знали о кикиморах, Бабе-яге, домовых, Соловье-разбойнике, о Бабае и т.п. Охраной от нечисти были Беригини – в восточнославянской мифологии богини природы, олицетворявшие лесную и водную стихии.

«Красота природы, заключенная в фауне и флоре страны, стала основным источником вдохновения японских поэтов, писателей, художников. Слива и сосна встречаются в самых ранних образцах народного поэтического творчества, вошедших в антологию VIII века

«Манъёсю» («Собрание мириад листьев»)».[] В Японии установился своеобразный цветочный календарь. Все знают, что японцы в апреле любуются цветущей вишней – сакурой. Однако январь считается месяцем сосны, февраль – сливы, март – персика, май – азалии, ноябрь – клена, декабрь – камелии.

Неброская красота родных просторов находила отклик в сердцах русских людей. В текстах многих русских песен часто упоминаются деревья. Это, конечно же – береза, калина, рябина, дуб: «Во поле береза стояла», «Я во лесу был, березку рубил, Березку рубил, метелки вязал…»,[1, 245] «Что стоишь, качаясь, тонкая рябина». О деревьях пели, загадывали загадки, вокруг них водили хороводы, плели из веток веники, украшали березу лентами, а вековые великаны дубы обожествлялись. Густые чащи дубрав превращались в капища, в места поклонения, а деревья – в идолов. Народная фантазия наделяла волшебством не только деревья, и травы, цветы. Стоит упомянуть здесь о Купале. Образ это двуедин. С одной стороны Купала – славянско-русский мифологический персонаж в образе девушки, раздающей цветы. В другой ипостаси более известен – это народный праздник летнего солнцестояния — Ивана Купалы (в ночь на 24 июня ст. ст., когда церковью празднуется рождество Иоанна Крестителя – на 7 июля). Сопровождался собиранием целебных трав, цветов, обрядами с огнем и водой, песнями, играми, хороводами и гаданиями, поисками цветка папоротника.

Долгое время в Японии обряды совершались в больших поселениях главами кланов, жрецов не было. Что касается деревенских общин, то там эти обряды чаще всего отправлялись самими деревенскими жителями, которых определяли жребием и периодически сменяли.

На Руси были волхвы – служители дохристианских культов, знахари, считавшихся чародеями. «Волхвы — особый класс людей, пользовавшийся большим влиянием в древности. Это были «мудрецы» или так называемые маги, мудрость и сила которых заключалась в знании ими тайн, недоступных обыкновенным людям. Смотря по степени культурного развития народа, его В. или мудрецы могли представлять собою разные степени «мудрости» — от простого невежественного знахарства до действительно научного знания».[2, 107] Иногда их называли кудесниками, волшебниками, колдунами. Но, по сути, эти люди так же не были жрецами.

Согласно синтоизму, каждый человек после смерти становится предком, и, следовательно, объектом для поклонения — вне зависимости от своих прижизненных деяний. Из культа предков проистекает трепетно-уважительное отношение японцев к прошлому. Прошлое — это то время, когда жили предки.

Русь – патриархальна, и уважение к старшим долго было всеобъемлющим. Одним из главных богов славянского пантеона являлся

Род – бог славяно-русской мифологии, родоначальник жизни; дух предков, покровитель семьи, дома. Кроме того были рожаницы – женские божества славяно-русской мифологии, покровительницы рода, семьи, домашнего очага. Почитали и домовых, банных и амбарных. Домовой, в верованиях славян дух, живущий в доме, хранитель дома, иногда наказывающий за нарушение обычаев. Его ублажали, оставляя на ночь блюдечко с молоком. Домовой хранил дом и его обитателей от пожара, лихих людей.

Главным же синтоистским божеством является богиня солнца – Аматэрасу, главное божество пантеона синто,

В русском язычестве также есть бог солнца, который занимает не последнюю строку в пантеоне славянских богов – Дажбог. Дажьбог или Даждьбог, бог солнца и небесного огня в славяно-русской мифологии, сын Сварога. Упоминается обычно вместе со Стрибогом. В «Слове о полку Игореве» русские люди — это внуки Дажбога. Его идол стоял на одном из киевских холмов. Этот бог имел и еще одно название – Хорс. Итак, японцы и русские поклонялись солнцу, впрочем, как и многие другие народы мира.

У богини солнца, как уже упоминалось выше, был брат, заставивший её удалится в пещеру – бог ветра Сусаноо, одно из главных божеств пантеона синто, бог бури и ветра. Он обладает ярко выраженной амбивалентной сущностью. Согласно «Кодзики» и «Нихон секи», Сусаноо — младший брат Аматэрасу от Идзанаги и Идзанами, совершивший «небесные прегрешения» и изгнанный с неба на землю.

В славяно-русской мифологии важное место занимает бог воздушных стихий – ветра и бурь Стрибог.

И, если богов ветра почитали и побаивались, то других просто любили. Много сделал для людей Окунинуси, в японской мифологии добрый бог, устроитель благополучной жизни людей. Научил людей выращиванию культурных растений, лечению болезней. Окунинуси – главное божество провинции Идзумо.

В Древней Руси так почитался бог скотоводства и богатства – Велес.

Обе страны претерпели вмешательства в первоначальную религию. В Японию пришел буддизм, на Руси вводится христианство. С самого начала распространения буддизма в Японии (с середины VI века) наблюдаются процессы контаминации синто с буддизмом. В результате возникают синкретические вероучения, наиболее популярным из которых было хондзи-суйдзяку. Адептами буддизма в Японии были многочисленные переселенцы из Кореи и Китая, игравшие большую роль в придворной жизни.

На Руси, как известно, православную веру учредил князь Владимир Святославич, первыми священниками были византийцы.

Народам двух стран пришлось пережить нелегкие времена. Надо было адаптироваться к новым верованиям. На Руси поступили мудро, наложив церковный календарь на народный.

Японцам было сложнее. На религиозную практику раннего синтоизма кроме буддизма, большое влияние оказали также конфуцианство и особенно религиозный даосизм.

Сыновняя почтительность, ритуал, человечность, культура явились основой, отделяющей, по мнению образованных японцев, их народ от народов варварских, лишенных всех этих благ.

Православное христианство так же принесло русскому народу почтительность, смирение, уважение к церковным ритуалам, византийскую культуру. Однако христианство не отдалило, а приблизило Русь к культуре европейской. Японию же новая религия привела к изоляции страны.

Обрядовая сторона «религии ученых» в Японии эволюционировала в древности, и на протяжении всего средневековья. Начиная с I века, на нее оказывало влияние буддийское учение, а в конце средневековья — и христианское. В «религии ученых» сформировался строго разработанный ритуал, исполнявшийся на всех уровнях социальной жизни страны. Во главе ритуальной организации стоял сам император, исполнявший в течение годового цикла в своем столичном городе большое число обрядов, связанных с почитанием неба, солнца, луны, земли, небесных и земных божеств и т. д. Все обряды, исполнявшиеся в столице, полностью дублировались во всех провинциальных и более мелких центрах, где от имени императора действовали его представители — чиновники, главы местных администраций. Тем самым с помощью обряда создавалась унифицированная политико-административная обстановка, благоприятная для сохранения общеимперской гармонии.

На Руси и затем в России великий князь, а потом царь так же исповедовал православие, исполнял все обряды в положенное время.

Учение Конфуция глубоко проникло в морально-этическую сторону жизни японского народа.

Наряду с конфуцианством, большое влияние на формирование японского характера оказал даосизм. Философии даосизма присущи натурализм, зачатки примитивной диалектики и элементы религиозной мистики. Цель даосизма – обретение бессмертия.

Сия мечта никогда не оставляла и русского человека. Обретение бессмертия души в христианских воззрениях или даже мистических исканиях – близки русскому характеру.

Итак, такой религиозный конгломерат был выплавлен на Японских островах на протяжении тысячелетий. И, потому японцы немного буддисты, конфуцианцы, синтоисты, даосы и даже христиане.

Да и многих ли из нас можно назвать сейчас настоящими православными людьми, которые на масленицу не радуются блину с маслицем.

Если разбираться основательно, то в древние времена японцам и русским была доступна цельность восприятия мира, мифологическое сознание. Люди воспринимали окружающий мир интуитивно. Здесь и лежат истоки точек соприкосновения наших религиозных и культурных воззрений.

В настоящее время все западное сознание диалектических полюсов: близко-далеко; сладко – горько. Культура Японии не дуальна. Японцы не противопоставляют старое и новое. Это один культурный континуум, это как правая и левая рука – они не находятся в конфликте друг с другом. Японцы продолжают ощущать мир также как и раньше, потому они восприемники всех этих религиозных течений.

Мы пришли к западной логичности, в которой нам всегда тесно. Отсюда выверты нашей «загадочной русской души». Мы утратили целостность мировоззрения, но сохранили память о бывшей гармонии.

Список источников и литературы

1. Круглый год. Русский земледельческий календарь / Сост. А.Ф. Некрылова. – М: Правда, 1991. – 496 с.
2. Лопухин А.П. Волхвы//«Энциклопедический словарь Брокгауза и Ефрона», Т.7 (13) 1892. - 902 с.
3. Шишкина Г. Под священной кроной //Япония сегодня. – 2001. - № 4. – С. 31.

Красовский В.О.
д.м.н., заведующий отделом гигиены и физиологии труда
ФБУН "Уфимского научно-исследовательского института медицины труда
и экологии человека
E-mail: vovkrs@ymail.com

ОПЫТ ГИГИЕНИЧЕСКОЙ ОЦЕНКИ ИНГАЛЯЦИОННОГО ПРОФЕССИОНАЛЬНОГО РИСКА

Согласно докладу комитетов экспертов Всемирной организации здравоохранения [1]: "Риск – вероятностные математические модели частоты и/или тяжести последствий от работы в неблагоприятных условиях труда". Наше сообщение - следствие обобщения изучения и анализа риска здоровью работающих от загрязнений воздуха рабочей зоны (до 20 наименований) в производстве парабензолдикарбоновой кислоты. Цель – сообщить об особенностях разработанной модели прогноза случаев неблагоприятных последствий от комбинированного воздействия химических загрязнений воздуха рабочей зоны в зависимости от увеличения срока работы в указанном объекте.

Трудовой кодекс РФ содержит статью 209, которая требует от работодателей (конвенция МОТ № 187 от 31.05.06, ФЗ № 238 от 18.07.11) анализ и оценку профессионального риска для разработки мер его снижения (Risk assessment and management [1]).

Однако статья на практике не работает по двум основным причинам.

Первая причина. Само понятие "профессионального риска" является предметом изучения множества наук: от инженеров системы охраны труда до юристов, социологов и т.д. Например, существует "Классификатор видов экономической деятельности по классам профессионального риска "[2]. Отличительная особенность документа в том, что в одну группу могут попасть предприятия, в которых техногенные опасности, условия труда различаются во много раз. В оценке и управления вероятностями неблагоприятных производственных последствий *прерогатива должна принадлежать гигиенистам,* поскольку наиболее значимым аспектом, определяющим процветание любого современного производства, является уровень здоровья работников. В принципе, зная ожидаемые числа заболеваний среди персонала, зависимые и не зависимые от производства, в том числе и по отдельным нозологическим формам можем планировать расходы на лечение, социальную помощь, экономические расчёты, налоги, отчисления в фонд медицинского страхования, в пенсионный фонд и т.д. [3].

Вторая причина. Заключена в том, что отечественная гигиена труда до сих предлагает "Руководство по оценке профессионального риска… (Р. 2.2.1766-03 [4])" метод, не обоснованный дозо-эффективными зависимостями. Документ построен на оценочных таблицах "Гигиенических критериев…(Р. 2.2.2006-05)" [5], которые обладают погрешностью применения до 85-95 % [6].

Если исходить из принципа градиентного разбиения надпороговой вредности по отклонению интенсивностей эффектов (1, 2, 3 сигмы) в нормальном распределении, то придём к следующему общему уравнению для оценки вредного эффекта химического воздействия [7]:

$$Prob = -2.2 + \left[1{,}6 * Lg\left(\frac{C}{ПДК}\right) * Lg(T)\right] \qquad (1),$$

где: С - максимально-разовая или среднесменная концентрация вещества (в зависимости от модификации модели); ПДК – соответствующая предельно-допустимая концентрация; Т - рабочий стаж в годах; Prob - коэффициент для оценки риска.•

Профессиональный риск – это "вредное действие, умноженное на экспозицию".

Вредный эффект можно измерить отношением реальных значений составляющих производственное воздействие к нормативу. Экспозиция – время контакта с вредностью, которая представляет интерес для получения оценок скорости её поступления в организм и дозо-эффективной зависимости.

Результаты вычислений по формуле 1 не отвечают нашей задаче, поскольку они оценивают последствия на данный год трудового стажа. Для того, чтобы оценить нарастание опасности согласно увеличению продолжительности контакта (стажа) с комбинированным химических загрязнением во время работы, обсуждаемый алгоритм преобразовали в следующее уравнение:

$$Prob = -2.2 + \left(1.6 * Lg\left(\frac{C}{ПДК} * t * N * Q * k\right) * Lg\left(\frac{g}{T_{25}}\right)\right) \qquad (2),$$

где: С - концентрация вещества в воздухе мг/м3; t - длительность смены (час), N - число смен в году, Q - объём дыхания работника за смену м3/смену (справочная величина по ГОСТ 12.1.005-88, в расчётах используется размерность: м3 / час); g - номер года или сроки работы (g = 1, 2, 3…. 25), Т – 25-летний период, ΔТ – годовой коэффициент увеличения опасности с каждым годом работы.

В равенстве 2, доза поступления вещества в организм (мг/кг*год) является произведением из: отношения реальных концентраций к ПДК на длительность смены, число смен в году, объём дыхания работника за сме-

---

• При применении для расчётов риска пакета Microsoft Excel определение величины риска после вычисления коэффициента "Prob" осуществляется с использованием функции НОРМСТРАСП (Prob).

ну. Использование в этом произведении справочных коэффициентов диффузии отдельных веществ в воздухе уточняет результат только на 4 – 5 %.

Для получения зависимости вероятности неблагоприятного исхода использовали ожидаемое число лет работы (от 1 до 25 лет) и стандартную продолжительность трудового стажа (25 лет) в форме соотношения по номеру года. В итоге получили экспоненциальную зависимость распределения опасности, которую иллюстрирует нижеследующий график.

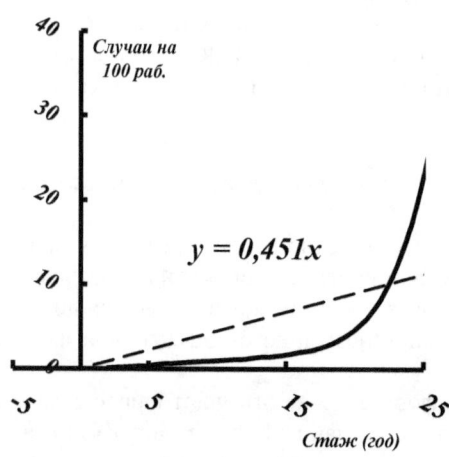

Рисунок – График прогноза комбинированного риска появления *случаев неблагоприятных последствий.*

Вероятность появления случая нарушения здоровья описывается экспоненциальной функцией, биологический смысл которой определён процессами подержания гомеостаза ("механизмами адаптации") и накопления вредного эффекта ("поломка механизмов адаптации").

Вторая линия на графике – прямая ("распрямлённая экспонента"), уравнение которой позволяет утверждать: усреднённая вероятность появления (развития) случая неблагоприятного последствия в изучаемом контингенте зависит от года стажа: в среднем, полгода работы даёт один искомый случай (y = 0,451 x).

Однако полученные показатели несколько оторваны от практических задач: требуются не "ожидаемые случаи", а конкретные "ожидаемые числа заболеваний". Решение для расчёта ожидаемых заболеваний работников заключено в составлении и вычислении пропорций между вероятностными процентами ожидаемых случаев и числом работающих с группировкой по интервалам стажа. Кроме того, для дифференциации ожидаемых чисел заболеваний по нозологическим формам следует применять структуру заболеваемости (в т. ч. и профессиональной) в представлении по выбранным стажевым интервалам.

Список литературных источников

1. Красовский В.О. Краткий математический анализ существующих критериев оценки условий труда // Валеологические вопросы взаимодействия соматосенсорных и вегетативных функций в процессе трудовой деятельности: Сборник научных Трудов. - Тверь, Тверский госуниверситет. - 1999. - С. 34 - 41.

2. Красовский В.О., Максимов Г.Г. Физиолого-гигиеническая диагностика безвредного стажа по условиям труда / Под научной редакцией Г.Г. Максимова. – Уфа, 2003 – 237 с.

3. Приказ Министерства труда и социальной защиты Российской Федерации от 25 декабря 2012 г. № 625 н г. Москва "Об утверждении Классификации видов экономической деятельности по классам профессионального риска".

4. Профессиональная гигиена: контроль за состоянием производственной среды и здоровье человека: Доклад комитета экспертов ВОЗ. – (серия технических докладов, доклад № 535). Всемирная организация здравоохранения, Женева, 1975.

5. Руководство по гигиенической оценке факторов рабочей среды и трудового процесса. Критерии и классификация условий труда. Руководство Р. 2.2.2006-05. Утверждено Главным государственным санитарным врачом РФ 29 июля 2005 г.

6. Руководство по оценке профессионального риска для здоровья работников. Организационно-методические основы, принципы и критерии оценки" Руководство Р. 2.2.1766-03, Минздрав России, 2003 г.

7. Щербо А.П., Мельцер А.В., Киселев А.В. Оценка риска воздействия производственных факторов на здоровье работающих. - СПб.: Издательство "Терция" 2005.— 116 с, с илл.

Волкова Т.О.
профессор, доктор биологических наук, Петрозаводский государственный
университет
Ковчур П.И.
доцент, кандидат медицинских наук, Петрозаводский государственный
университет
Курмышкина О.В.
старший преподаватель, Петрозаводский государственный университет
Бахлаев И.Е.
профессор, доктор медицинских наук, Петрозаводский государственный
университет

ИММУНОМОДУЛИРУЮЩАЯ ТЕРАПИЯ – ВАЖНЫЙ ЭТАП КОМПЛЕКСНОГО ЛЕЧЕНИЯ ЦЕРВИКАЛЬНЫХ ИНТРАЭПИТЕЛИАЛЬНЫХ НЕОПЛАЗИЙ

Развитие онкологического заболевания сопровождается изменениями показателей клеточного иммунитета и гомеостаза. Существенную роль в данном процессе играют специфические клеточные CD-антигены, часто выполняющие функцию рецепторов и участвующие в передаче сигнала от плазматической мембраны в ядро клетки [2, 58; 5, 532]. Каждая онкопатология является уникальной. Рак шейки матки уникален тем, что многие процессы индуцируются или ингибируются онкогенами вируса папилломы человека (ВПЧ) [4, 69]. Поскольку сверхэкспрессия онкогенов ВПЧ наблюдается при CIN2–3, можно предположить, что необратимое формирование молекулярного портрета будущей опухоли начинается еще на этапе дисплазии легкой/средней степени тяжести. Поэтому изучение функционального состояния иммунной системы при развитии онкопатологии дает возможность разрабатывать новые методы ранней диагностики с одной стороны, и вести поиск эффективных методов иммунотерапии с другой. В связи с этим, основная цель исследования заключалась в изучении показателей клеточного иммунитета (экспрессии лимфоцитарных маркеров CD3, CD4, CD4+CD25+, CD8, CD16, CD95) у пациенток с цервикальными интраэпителиальными неоплазиями при использовании различных вариантов лечения.

Иммунофенотипирование проводили с использованием моноклональных антител и соответствующих изотипических контролей («МедБиоСпектр», Москва). Сбор данных производили на проточном цитометре MACSQuant («Miltenyi Biotec», Германия). Уровень клеточного апоптоза лимфоцитов оценивали цитофлуорометрически с помощью двойного окрашивания пропидием йода и FITC-меченного аннексина V («ANNEXIN V FITC», «Beckman Coulter», США), обладающего сродством к мембрано-связанному фосфатидилсерину. Обследована 21 пациентка с CIN 3 в возрасте от 21 до 47 лет. Диагнозы поставлены на основании верифицированного гистологического заключения. Контрольная группа – 30 здоровых небеременных женщин, не имеющих патологии шейки матки. Схема введения препарата Аллокин-альфа: по 1,0 мг 6 раз подкожно через день после проведения диатермоконизации шейки матки. Повторное обследование показателей клеточного иммунитета проведено через 1 и 3 месяца. Достоверность полученных результатов оценивали с использованием непараметрического критерия Вилкоксона-Манна-Уитни.

Показано, что при CIN 3 повышается количество CD16+ и CD4+CD25+ клеток: 17,52±0,51 и 5,63±0,35, соответственно. У здоровых женщин данные показатели составляют: 12,85±0,81 и 4,16±0,43, соответственно. Одновременно происходит снижение численности CD4+, CD8+ клеток, что, однако, не отражается на соотношении CD4+/CD8+. Так, количество CD4+ клеток при CIN 3 – 33,16±0,41, тогда как в контрольной группе 41,84±2,70; количество CD8+ клеток – 24,58±0,62, по сравнению с контролем 29,66±1,62. Показатель соотношения CD8+/CD4+CD25+ Т-лимфоцитов достоверно снижается (p < 0.05). Количество CD95+ клеток при дисплазии достоверно возрастает: 16,32±0,74 (p < 0.01). Также увеличивается количество клеток с мембрано-связанным фосфатидилсерином.

После комплексного лечения (диатермоконизация шейки матки + Аллокин-альфа по 1,0 мг 6 раз подкожно) в течение 3-х месяцев показатели клеточного иммунитета и апоптоза лимфоцитов периферической крови подвергаются изменению. Отмечено восстановление соотношения CD4+/CD8+ клеток и численности клеток с маркерами CD16 и CD95, количество клеток с мембрано-связанным фосфатидилсерином также в пределах контрольных значений. Количество CD4+CD25+ клеток не отличается от контрольных показателей, что подтверждает благоприятный прогноз с объективным клиническим ответом. У пациенток только с диатермоконизацией шейки матки существенных изменений в показателях лимфоцитарных маркеров по сравнению с таковыми до лечения не выявлено. Напротив, в данной группе регистрируется повышение количества CD20+ клеток и достаточно высокие значения CD16+ клеток, что может иметь место после оперативного вмешательства. Подобный эффект наблюдается после операций при раке желудка [1, 34], почечноклеточном раке [3, 1274], некоторых других онкопатологиях.

Иммунологические расстройства при злокачественных заболеваниях имеют сложный комбинированный характер, а злокачественные клетки вырабатывают факторы, значительно усиливающие иммунную недостаточность. При злокачественных новообразованиях снижаются главным образом количественные и функциональные показатели клеточного иммунитета, затрагивающие Т-лимфоциты, NK-клетки, дендритные клетки, LAK-клетки, в то время как показатели гуморального иммунитета могут находиться в пределах нормы даже на поздних стадиях развития опухоли. В сыворотке онкологических больных имеются блокирующие факторы, например, антитела к опухолевым клеткам, затрудняющие реализацию цитотоксического потенциала эффекторными клетками разного типа. Полученные нами результаты также свидетельствуют о том, что при развитии тяжелой интраэпителиальной неоплазии на уровне лимфоцитов периферической крови возникают иммунологические нарушения, которые приводят к изменению их функциональной активности. Применение Аллокина-альфа в комплексном лечении CIN направлено на усиление распознавания вирусных антигенов иммунокомпетентными клетками и уничтожение очагов вирусной инфекции, что является основополагающим в лечении РШМ, поскольку персистенция ВПЧ-инфекции считается одной из основных причин рецидива заболевания.

Работа выполнена при финансовой поддержке грантов Правительства РФ (Постановление 220), ГК № 11.G34.31.0052 (ведущий ученый профессор А.Н. Полторак) и Федеральной целевой программы «Научные и научно-педагогические кадры инновационной России» на 2009-2013 годы, ГК № 14.В37.21.0212.

ЛИТЕРАТУРА

1. Возможности комплексного лечения распространенного рака желудка с использованием фитомикса-40. Методическое пособие для врачей. М.: РНИМУ им. Н.И. Пирогова, 2011.

2. Волкова Т.О., Немова Н.Н. Молекулярные механизмы апоптоза лейкозной клетки. М.: Наука, 2006.

3. Allen M., Vaughan M., Jonston S. et al. Protracted venous infusion 5-FU in combination with subcutaneous IL-2 and alpha interferon in patients with metastatic renal cell cancer: a phase II study // Proc. ASCO. 1999. № 18. P. 1274.

4. Contreras D.N., Krammer P.H., Potkul R.K. et al. Cervical cancer cells induce apoptosis of cytotoxic T lymphocytes // J. Immunother, 2000. Vol. 23. N. 1. P. 67–74.

5. Doorbar J. Molecular biology of human papillomavirus infection and cervical cancer // Clinical Science, 2006. Vol. 110. P. 525–541.

А. Г. Буевич, Е. М. Баглаева, А. П. Сергеев

Буевич Александр Геннадьевич, инженер по ООС, Федеральное государственное бюджетное учреждение науки Федеральное государственное бюджетное учреждение науки Институт промышленной экологии Уральского отделения Российской академии наук (ИПЭ УрО РАН), 620219, г. Екатеринбург, ул.С.Ковалевской, д. 20, тел./факс: 8(343)3743771, bagalex3@gmail.com.

Баглаева Елена Михайловна, кандидат физико-математических наук, старший научный сотрудник, Федеральное государственное бюджетное учреждение науки Институт промышленной экологии Уральского отделения Российской академии наук (ИПЭ УрО РАН), 620219, г. Екатеринбург, ул.С.Ковалевской, д. 20, тел./факс: 8(343)3743771, sem@ecko.uran.ru.

Сергеев Александр Петрович, кандидат физико-математических наук, заведующий лабораторией физики и экологии, Федеральное государственное бюджетное учреждение науки Институт промышленной экологии Уральского отделения Российской академии наук (ИПЭ УрО РАН), 620219, г. Екатеринбург, ул.С.Ковалевской, д. 20, тел./факс: 8(343)3743771, alexanderpsergeev@gmail.com.

РЕНТГЕНОФЛУОРЕСЦЕНТНАЯ СПЕКТРОСКОПИЯ В ИЗУЧЕНИИ ЭКОГЕОХИМИЧЕСКИХ СПЕКТРОВ ПОЧВ УРБАНИЗИРОВАННЫХ ТЕРРИТОРИЙ

Проведено исследование образцов почвы, отобранных на территории ГО Первоуральск Свердловской области. Для исследования был выбран верхний почвенный слой, который является хорошим индикатором загрязнения не только самих почв, но и атмосферных осадков, поверхностных вод и растений. Анализ проб почвы на содержание тяжелых металлов на портативном рентгенофлуоресцентном спектрометре Innov-XX-5000 показал воспроизводимость результатов и был подтвержден результатами традиционного «мокрого» химического анализа. Проведена рекогносцировочная оценка загрязнения тяжелыми металлами поверхностного слоя почвы урбанизированной территории, находящейся в зоне влияния крупных промышленных предприятий ГО Первоуральск Свердловской области.

Ключевые слова: почвенный скрининг, техногенное загрязнение, тяжелые металлы, рентгенофлуоресцентная спектроскопия, экогеохимический спектр.

Исследование выполнено при поддержке УрО РАН проект 12-2-4-002-АРКТИКА

Введение

Исследование загрязнения почвенного покрова урбанизированных территорий позволяет получить надежную оценку объемов загрязняющих веществ, накопленных в течение длительного времени [1].

Можно выделить две группы методов анализа почвенных образцов: методы разрушающего контроля, к ним относится так называемая «мокрая» химия, и неразрушающего контроля – методы спектроскопии [2].

При проведении скринингов и/или мониторингов урбанизированных территорий загрязнители известны только предположительно по типу существующего на территории производства, часто априори неизвестны ни характер распределения, ни количество загрязнителя в пробах, поэтому оценка уровня загрязнения и зонирование территории требует отбора большого количества проб. Метод рентгенофлуоресцентной спектроскопии, реализованный в портативных приборах, помогает на месте выявить пространственную структуру техногенного загрязнения почвенного покрова, что дает возможность в несколько раз сократить количество проб для оценки, не требует пробоподготовки и дорогостоящих реагентов, позволяет проводить анализ образца многократно.

Цель настоящей работы - показать возможности использования мобильного рентгенофлуоресцентного спектрометра Innov-XX-5000 в изучении экогеохимических спектров почв урбанизированных территорий на примере рекогносцировочной оценки степени техногенного загрязнения выбросами промышленных предприятий поверхностного слоя почвы ГО Первоуральск Свердловской области.

Почвенная съемка

Отбор проб почвы в черте ГО Первоуральск спланирован и проведен в июле 2011 года на урбанизированной территории, находящейся в зоне влияния крупных промышленных предприятий (рис. 1).

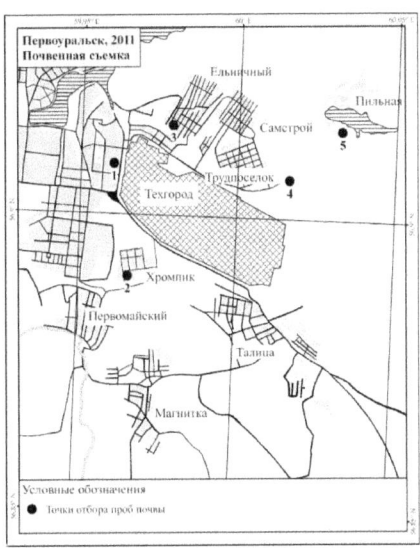

Рисунок 1. Точки отбора проб почвы

Фактическое расположение точек определялось при проведении опробования непосредственно на местности, исходя из необходимости отбора проб почвы на ненарушенных и естественных участках исследуемой зоны. Географическая привязка осуществлялась с помощью GPS-приемника. Всего в рамках настоящей почвенной съемки было отобрано 5 интегральных проб почвы (рис. 1). Поверхность места предполагаемого отбора пробы почвы размечалась в виде квадрата со стороной около 1 м. В вершинах, центре и внутри размеченного квадрата пробоотборником из нержавеющей стали диаметром порядка 0,05 м отбирались семь кернов почвы на глубину 0,05 м. Отобранные керны объединялись в одну пробу и запаковывались в двойные полиэтиленовые пакеты. На внутреннем пакете маркером наносился уникальный идентификатор пробы. Суммарная площадь семи кернов составляла 0,0137 м², а суммарный объем – 0,000687 м³. Масса высушенной пробы составила от 1,1 кг до 1,8 кг.

Каждую пробу анализировали методами «мокрой» химии (масс-спектрометр с индуктивно связанной плазмой ELAN 9000, Perkin Elmer) и рентгенофлуоресцентным спектрометром Innov-XX-5000. Элементы для анализа были выбраны по двум критериям: основные загрязнители, выбрасываемые промышленными предприятиями, представленными на выбранной территории, и вещества, опасные для человека даже в следовых количествах. Перечень элементов, включенных в программу анализа проб почвы, представлен в таблице 1.

Таблица 1. Сводная таблица результатов анализа проб почвы

Валовые содержания (ОДК согласно ГН 2.1.7.2511/09)

Элемент № проби	Кадмий			Никель			Медь			Свинец			Цинк			Хром		Мышьяк			Железо	
	Значение мг/кг ELAN 9000	Значение с мг/кг Плазм XX-5000	ОДК мг/кг	Значение мг/кг ELAN 9000	Значение с мг/кг Плазм XX-5000	ОДК мг/кг	Значение мг/кг ELAN 9000	Значение с мг/кг Плазм XX-5000	ОДК мг/кг	Значение мг/кг ELAN 9000	Значение с мг/кг Плазм XX-5000	ОДК мг/кг	Значение мг/кг ELAN 9000	Значение с мг/кг Плазм XX-5000	ОДК мг/кг	Значение мг/кг ELAN 9000	Значение с мг/кг Плазм XX-5000	Значение мг/кг ELAN 9000	Значение с мг/кг Плазм XX-5000	ОДК мг/кг	Значение мг/кг ELAN 9000	Значение с мг/кг Плазм XX-5000
1	2,47±1,24	4,1	1,0	276,7±56,8	242	40,0	452,5±90,5	560	66,0	120,7±30,2	143	65,0	410,4±82,1	464	110,0	572,0±114,4	691	42,4±25,4	30	5,0	58962±16510	60788
2	5,76±2,88	7,3	1,0	82,6±28,9	-	40,0	1427±285,3	1639	66,0	272,8±68,2	315	65,0	700,5±140	803	110,0	1092±218,4	11311	141,9±71,0	146	5,0	33222±9860	39478
3	2,95±1,48	4,3	1,0	75,72±26,5	-	40,0	328,2±65,6	391	66,0	172,3±43,1	231	65,0	343,9±68,8	352	110,0	158,9±31,78	289	28,5±17,1	19	5,0	47040±13170	52920
4	2,87±1,44	4,5	1,0	389,7±136	331	40,0	446,4±89,3	432	66,0	115,8±28,9	145	65,0	157,1±31,4	202	110,0	944,9±189,0	987	69,3±41,6	49	5,0	38295±10720	38500
5	3,64±1,82	4,7	1,0	366,7±128	298	40,0	278,6±55,7	268	66,0	61,05±15,3	56	65,0	170,1±34,0	217	110,0	625,9±125,2	542	44,3±26,6	38	5,0	37690±10550	41830

Примечание: ОДК на валовое содержание хрома и железа не устанавливается, «-» – данные отсутствуют

44

Химический анализ

Пробоподготовка и количественный химический анализ были проведены в аккредитованном химико-аналитическом центре ИПЭ УрО РАН на масс-спектрометре с индуктивно связанной плазмой ELAN 9000, Perkin Elmer. pH водной вытяжки почвенных образцов составил от 4,7 до 7,2.

Рентгенофлуоресцентный анализ

Пробы были проанализированы на рентренофлуоресцентном спектрометре Innov-XX-5000. Образец почвы, помещенный в тонкий полиэтиленовый пакет, анализировался в подходящем для экологических исследований режиме «Почва», позволяющем использовать для анализа лучи различной мощности (от 1 до 50 кЭВ), для распознавания отдельных элементов в минимальных концентрациях (единицы мг/кг). Время экспозиции каждой пробы составляло 90 секунд, по 30 секунд тремя лучами различной мощности: 1-10 кЭВ, 10-35 кЭВ и 35-50 кЭВ. Затем образец перемешивался, снова помещался в рабочую зону спектрометра Innov-XX-5000 и измерение повторялось. Поскольку состав анализируемых почв неоднороден, проводилось три измерения каждой пробы, среднее значение по которым заносилось в таблицу 1.

Результаты и обсуждение

Как видно из результатов, приведенных в таблице 1, анализ проб на спектрометре Innov-XX-5000 показал соответствие полученных данных результатам химического анализа. Результаты анализа на спектрометре Innov-XX-5000 не зависят от методики и свойств используемых реагентов, как в традиционной «мокрой» химии, а также от состояния пробы и отличаются в пределах погрешности как для сильно измельченной пробы, так и для пробы без какой-либо подготовки. Innov-XX-5000 позволяет выполнять анализ всех элементов таблицы Менделеева, начиная с алюминия.

При проведении измерений на спектрометре Innov-XX-5000 были обнаружены две проблемы определения концентраций никеля и хрома. Первая, при концентрации менее 150 мг/кг никель в протоколе спектрометра отсутствовал, при этом на спектре был хорошо виден соответствующий пик. После обсуждения этого вопроса с представителями фирмы-разработчика в программу распознавания спектра были внесены необходимые изменения, которые войдут в последующие версии обновляемого программного обеспечения. Вторая, при анализе пробы со сравнительно высоким содержанием хрома более 1000 мг/кг спектрометр Innov-XX-5000 стабильно показывал концентрации, в 10-15 раз превышающие данные химического анализа. В остальных пробах, с меньшими концентрациями, результаты отличались в пределах погрешности. Вероятнее всего причина несоответствий связана с тем, что структура почвенного покрова района сильноконтрастная по составу и сложная по строению [3].

Полученные во время сравнения методик анализа данные свидетельствуют о значительном загрязнении поверхностного слоя почвы в местах отбора проб. ОДК по тяжелым металлам [4] значительно превышена почти во всех пробах, в некоторых случаях в десятки раз. Выявлено значительное превышение ОДК для веществ первого класса опасности (кадмий, мышьяк, цинк, свинец). Рекомендуемые максимально допустимые концентрации в почве [5] никеля (100 мг/кг) превышены в пробах 01, 02 и 05, свинца (40 мг/кг) и мышьяка (2 мг/кг) во всех пробах. Сравнение фоновых концентраций валовых форм хрома в Уральском регионе России (Уральский кларк – 300 мг/кг) и в почвах мира (Мировой кларк – 200 мг/кг) показало, что концентрация валовой формы хрома в пробах 01 и 05 в два раза выше, а в пробах 02 и 04 в три раза выше, чем Уральский кларк [6]. Концентрация валовой формы хрома в подзолах находится в диапазоне 2,6-34 мг/кг в Канаде [7] и в диапазоне 3-200 мг/кг в США [8]. Концентрация валовых форм меди и никеля в верхнем слое схожих по составу и антропогенному воздействию почвах в районе г. Мончегорска Мурманской области составляет от 46 мг/кг и 23 мг/кг (фоновые значения) до 2570 мг/кг и 2080 мг/кг (экстремальные значения), средние концентрации - 330 мг/кг и 155 мг/кг соответственно [9].

Наиболее высокий уровень загрязнения отмечен в пробе 02 взятой в районе завода «Русский Хром 1915». Все измеренные элементы за исключением никеля и кобальта имеют в этой пробе максимальные значения. Кратность превышения нормируемых показателей составляет у подвижных форм меди 21, у валовых форм меди 77, у мышьяка 28. Также в пробе 02 обнаружена высокая концентрация валового содержания хрома (1092 мг/кг), что в 3 раза превышает средние фоновые показатели [6].

Заключение

Сравнение результатов элементного анализа проб почвы полученного методом ренгенофлуоресцентной спектроскопии с данными «мокрого» химического анализа показало их согласие и выявило определенные преимущества метода ренгенофлуоресцентной спектроскопии. В отличие от физико-химического анализа метод ренгенофлуоресцентной спектроскопии не зависит от пробоподготовки, не требует затрат на реактивы (аргон, кислоты и т.п.). Это значительно уменьшает стоимость и время анализа пробы. Малые габариты, вес и энергопотребление спектрометра Innov-XX-5000 позволяют проводить исследования в полевых условиях. Выявленные недостатки при распознавании никеля относятся к недостаткам программного обеспечения спектрометра Innov-XX-5000 и являются устранимыми. Однако следует отметить, что метод ренгенофлуоресцентной спектроскопии не позволяет полностью заменить методы «мокрой» химии. Так, например, даже при рутинном экологическом исследовании необходим анализ на содержание некоторых органических соединений и нефтепродуктов, которые не определяются на спектрометре Innov-XX-5000.

В результате проведенного исследования поверхностного слоя почвы ГО Первоуральск обнаружено значительное превышение ОДК валовых форм по всем определяемым в настоящей работе показателям. Необходимо отметить, что пяти проб недостаточно для представительной оценки загрязнения поверхностного слоя почвы на обследуемой территории и оценки пространственно-вероятностного распределения загрязняющих веществ в почвах урбанизированной территории ГО Первоуральск.

Список литературы

1. Сает Ю.Е., Ревич Б.А., Янин Е.П. Геохимия окружающей среды. М.: Недра, 1990. 335с.

2. Пиккеринг У. Ф. Современная аналитическая химия, пер. с англ., М., 1977.

3. Гафуров Ф.Г. Почвы Свердловской области. Екатеринбург: Изд-во Урал. ун-та, 2008. 396 с.

4. Постановление Главного государственного санитарного врача РФ от 18 мая 2009 года № 32 гигиенические нормативы ГН 2.1.7.2511/09 «Ориентировочно - допустимые концентрации (ОДК) химических веществ в почве».

5. Ровинский Ф. Я. и [др.]. Загрязнение почв СССР в 1986 году, Обнинск, 1987.

6. Войткевич Г.В. и [др.]. Краткий справочник по геохимии. М.: Недра, 1977. 185 с.

7. Frank R., Ishida K., Suda P. Metals in agricultural soils of Ontario // Canadian Journal of Soil Science, Vol. 56, (1976), 181-196.

8. Shacklette H.T., Boerngen J.G. Element concentrations in soils and other surficial materials of the conterminous United States // U.S. Geological Survey professional paper 1270, (1984), 105 p.

9. Barcan V., Kovnatsky E., Water, Air, and Soil Pollution // Kluwer Academic Publishers. 1998. p. 197-218.

Бахтерев В.В.

старший научный сотрудник, доктор технических наук, Институт геофизики имени Ю.П.Булашевича УрО РАН, E-mail: UGV@bk.ru

НЕТРАДИЦИОННЫЙ СПОСОБ РАЗВЕДКИ МАГНЕТИТОВОГО МЕСТОРОЖДЕНИЯ И ПРОГНОЗ ОРУДЕНЕНИЯ

Введение. Скарново-магнетитовые месторождения весьма разнообразны по геолого-структурным и морфологическим особенностям, характеру связи с интрузивным магматизмом, характеру распределения их в пределах рудных зон. Каждое месторождение имеет свои специфические черты развития скарново-рудного процесса. Магнетит, кристаллизуясь в различных термодинамических и физико-химических условиях, в своем химическом составе и кристаллической структуре несет информацию об этих условиях.

Разнообразие ассоциаций минералов, структурных и текстурных особенностей обусловливает широкий диапазон значений их электрического сопротивления, особенности механизма электропроводности и, как следствие, неодинаковый характер зависимости от температуры нагрева. Изучение высокотемпературной электропроводности магнетита (магнетитовой руды) позволили выявить новые нетрадиционные поисковые признаки, так как электрические свойства минералов и горных пород весьма чувствительные индикаторы их вещественного состава и генетических процессов и являются важными источниками информации

Методика исследований и образцы. Методика определения электрического сопротивления образцов горных пород и электрических параметров при высоких температурах описана ранее [1]. Образцы для исследований вырезали в форме кубика с ребром 0,02 м. Измерения выполнены в открытой системе при атмосферном давлении. Электрическое сопротивление измеряли двухэлектродной установкой через каждые 10 градусов в интервале температур 20–800 °C. Скорость нагревания 0,066 град/с. Температуру в системе определяли платино-платинородиевой термопарой в 0,01 м от образца. Измерения осуществляли на постоянном токе. Измерительный прибор – тераомметр Е6-13 с динамическим диапазоном от 10 до 10^{14} Ом и относительной ошибкой от $\pm2{,}5\%$ до 4% в конце диапазона.

Большинство минералов и горных пород являются ионными кристаллическими диэлектриками. В физике диэлектриков электрическое сопротивление описывают формулой:

$$R = \frac{6kT}{n_0 \delta^2 q^2 v} \exp\left(\frac{E_0}{kT}\right) \qquad (1)$$

Здесь E_0 – энергия активации, которую необходимо затратить на освобождение иона (носителя заряда) от связей в кристаллической решетке; n_0 – общее число ионов в 1 см^3, участвующих в переносе тока; q – заряд иона; δ – длина свободного пробега; ν – частота колебаний иона в полу-устойчивом положении; k – постоянная Больцмана; T – температура в градусах Кельвина.

Исследователи, проводившие измерения электрического сопротивления при температурах 20-900 °C, экспериментально выявили зависимость, которую можно выразить в виде:

$$\lg R = A + \frac{B}{T}. \qquad (2)$$

Сопоставляя формулы (1) и (2) находим, что

$$A = \lg \frac{6kT}{n_0 \delta^2 q^2 \nu}, \qquad B = \frac{0{,}43\, E_0}{k}. \qquad (3)$$

Однако линейная зависимость (2) наблюдается только в том случае, когда с повышением температуры в исследуемом образце не происходят никакие физико-химические реакции. Так как, как правило, температурный ход электрического сопротивления горных пород характеризуется в интервале температур 20–900 ºC нарушением линейной зависимости, для определения электрических параметров используют только линейные участки кривой. Температурные кривые электрического сопротивления построены в координатах $\lg R$, $1/T$. Энергия активации E_0 определена по величине тангенса угла наклона касательной к кривой $\lg R = f(1/T)$ в некоторой точке прямолинейного участка. Коэффициент электрического сопротивления A в формуле (2), численно равный логарифму электрического сопротивления $\lg R_0$ при $(1/T) = 0$, определен как величина отрезка, отсекаемого касательной к кривой $\lg R = f(1/T)$ на оси ординат.

Результаты исследований. Исследования выполнены на Гороблагодатском скарново-магнетитовом месторождении (Урал). Изучены образцы магнетитовых руд различного минерального состава, парагенезиса, генетического типа [2–4]. По характеру температурных кривых и электрическим параметрам (величине электрического сопротивления R, энергии активации и коэффициенту электрического сопротивления) выделены три группы образцов руд: бессульфидные, сульфидосодержащие (пирротин) и сульфидосодержащие (пирит+халькопирит). Результаты приведены на рисунке.

Выделено несколько областей, в каждой из которых руда представлена определенным минеральным составом и парагенезисом. Для каждого типа руд прослеживается связь между электрическими параметрами, которую можно выразить в виде $\lg R_0 = a - bE_0$, где a и b – коэффициенты. Коэффициент a изменяется от 2,0 до 3,4 в зависимости от типа и минерального состава магнетитовой руды. Коэффициент b практически одинаков и равен 6,7 для всех исследованных образцов. Фигуративные точки в координатах E_0, $\lg R_0$ исследованных образцов расположены в области, ограниченной прямыми линиями $\lg R_0 = 3{,}4 - 6{,}7E_0$ и $\lg R_0 = 2{,}0 - 6{,}7E_0$.

В выделенной области отдельную группу составляют образцы магнетитовых руд скарнового и гидросиликатного парагенезиса с видимыми включениями пирротина, а также образцы «оспенных» руд. Внутри этой группы руды также разделяются в зависимости от парагенезиса на: гранат-

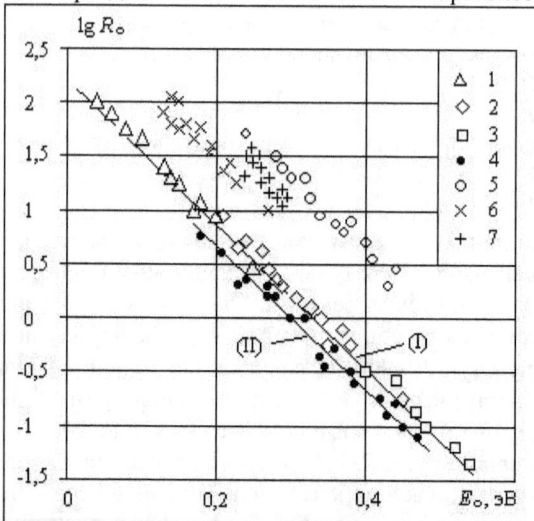

Рис. Связь между E_o, lgR_o исследованных образцов магнетитовых руд из Гороблагодатского месторождения.

Бессульфидные руды: 1 – пироксен-ортоклаз-магнетитовая руда; 2 – гранат-магнетитовая; 3 – эпидот-хлорит-магнетитовая;

4 – руды, содержащие пирит+халькопирит: пироксен-ортоклаз-магнетитовая, гранат-магнетитовая, эпидот-хлорит-магнетитовая.

Руды с пирротином различного парагенезиса: 5 – ортоклаз-магнетитовая («оспенная»), 6 – эпидот-хлорит-магнетитовая (гидросиликатный парагенезис), 7 – гранат-магнетитовая (скарновый парагенезис).

Прямые – линии корреляции lgR_o=a-bE_o бессульфидных руд (I) и руд, содержащих пирит+халькопирит (II).

магнетитовые (скарновый парагенезис; эпидот-хлорит-магнетитовые (гидросиликатный парагенезис); пироксен-магнетитовые, ортоклаз-магнетитовые («оспенные» руды).

Фигуративные точки параметров образцов бессульфидных пироксен-ортоклаз-магнетитовых, гранат-магнетитовых, эпидот-хлорит-магнетитовых руд образуют прямую, как бы формируя ее разные участки. Корреляционная связь между параметрами E_o и lgR_o образцов этих руд имеет вид lgR_o = 2,2 – 6,7E_o. Образцы пироксен-ортоклаз-магнетитовых, гранат-магнетитовых, эпидот-хлорит-магнетитовых руд с вкраплениями пирита и халькопирита также образуют прямую линию lgR_o = 2,0 – 6,7E_o. Отличаются образцы пирит-халькопирит-магнетитовых руд от бессульфидных, главным образом, по величине электрического сопротивления в области температур 20 – 400 °C. В этой температурной области электрическое сопротивление образцов пирит-халькопирит-магнетитовой руды на 1-4 порядка ниже образцов бессульфидной руды.

Пироксен-магнетитовые руды – высокотемпературные образования, хорошо раскристаллизованы, имеют максимальные размеры зерен, пространственно ближе всего находятся к интрузиву. Образцы этих руд имеют самые большие значения коэффициента электрического сопротивления $\lg R_o$ (0,5–2,1) и самые малые значения энергии активации E_o (0,07–0,2) из всех исследованных образцов. Дальше от интрузива расположены среднетемпературные руды – гранат-магнетитовые; низкотемпературные – эпидот-хлорит-магнетитовые, слабо раскристаллизованные, мелкозернистые.

По мере удаления от интрузива электрические параметры образцов руд, как пирит-халькопирит-магнетитовых, так и бессульфидных, изменяются: увеличивается E_o, уменьшается $\lg R_o$.

Заключение. Изложены результаты экспериментальных исследований электрических свойств магнетитовых руд в интервале температур 20–800 °C. На примере Гороблагодатского скарново-магнетитового месторождения проанализирована связь между энергией активации (E_o) и коэффициентом электрического сопротивления ($\lg R_o$) образцов магнетовой руды. В результате установлена зависимость функциональных соотношений между этими параметрами от парагенезиса и минерального состава магнетитовой руды. Выявлено, что изменения параметров электропроводности взаимосвязаны с генетическими особенностями руд. Полученные эмпирические зависимости могут дать дополнительную информацию при изучении типоморфных признаков магнетитового оруденения, а также позволят судить о пространственном положении относительно сиенитового массива исследуемых образцов.

Литература

1. Бахтерев В.В. Высокотемпературная электропроводность магнетитовой руды (магнетита) в связи с генетическими особенностями месторождения // ДАН. 2010. Т. 433. № 4. С. 496–498.

2. Бахтерев В.В. Особенности высокотемпературной электропроводности сульфидно-магнетитовых руд Гороблагодатского месторождения // Уральский геофизический вестник. 2011. № 1. С. 9–14.

3. Бахтерев В.В., Кузнецов А.Ж. Высокотемпературная электропроводность магнетитовых руд в связи с их генезисом и минеральным составом // Геология и геофизика. 2012. Т. 53. № 2. С. 270–276.

4. Бахтерев В.В., Кузнецов А.Ж. Влияние Кушвинского сиенитового интрузива на электрические параметры магнетита в рудах и вмещающих породах Гороблагодатского железорудного месторождения // Уральский геофизический вестник. 2012. № 1. С. 6–11.

Moskalenko N.G.
The senior scientist, the doctor of geographical sciences, Earth Cryosphere
Institute SB RAS, nat-moskalenko@yandex.ru

IMPACT OF VEGETATION COVER ON PERMAFROST TEMPERATURE IN WEST SIBERIA NORTHERN TAIGA

The goal of this study is to reveal the interaction of permafrost and vegetation in ecosystems of West Siberia permafrost zone. Results of long-term monitoring of northern taiga ecosystem changes under the impact of climatic changes are presented.

Research on ecosystems was carried out since 1970 on the Nadym stationary site located 30 km to a southeast from the town of Nadym in the zone of sporadic permafrost distribution. Patches of permafrost, occupying up to 50% of areas, are closely associated with peatlands, peat bogs, and frost mounds of third fluvial-lacustrine plain having elevations ranging from 25 to 30 m [1, 12]. The plain is composed of sandy deposits interbedded with clays, with an occasional covering of peat.

Ecosystem changes are observed on 28 permanent fixed (10x10 m) plots and transects. Observations include microrelief, species composition of vegetation cover, height and frequency of plant species, air, soil and permafrost temperatures, thickness and moisture of the active layer [2, 12].

During the last decades in the north of West Siberia air temperatures rose and the amount of atmospheric precipitation increased. In this connection the process of bog formation on flat, poorly drained surfaces of plains became more active. As a result, hummocky open woodlands with pine cloudberry-wild rosemary-lichen-peat moss cover were replaced by andromeda-cotton-grass-sedge-peat moss bogs. Hummocky settled, and the lenses of permafrost under the hummocks thawed.

The frequency of wild rosemary (*Ledum palustre)* which dominated in a cover of the open woodland on the plot fell sharply after 1997. The frequency of cotton-grass (*Eriophorum angustifolium)* for the last decades increased, and it began to dominate the cover.

Comparison of biomass in wood communities and bog communities shows that by bog formation in wood all aboveground biomass decreases on 26% and biomass of graminoid and mosses increases. Comparison of species composition of wood and bog plant communities presents that biodiversity of vegetation cover in process of bogginess decreases in the result of absence mesophyte species of sedges and shrubs (*Carex globularis, Empetrum nigrum, Vaccinium vitis-idaea*), and also lichens (*Cladina rangiferina, C. stellaris, Cetraria islandica, Cladonia coccifera*). Common number of species decreases from 27 to 17.

Considerable changes of geocryological conditions we observed on palsa peatland. The analysis of the given measurements of active layer thickness on the palsa peatland has shown an increasing trend, as a result of the increase of the air temperature (temperature trend for 1970 to 2011 is of 0.04 ^{0}C in a year). The thickness of the active layer for the period of observations increased on 30%.

The analysis of permafrost temperature measurements in boreholes has shown that on palsa peatland there was marked maximal of 1.4^{0}C rise. The temperature of permafrost at the depth of 10 m (layer with minimum annual fluctuations of temperatures) for the period of observations on the palsa peatland) increased from -1.8^{0}C to -0.4^{0}C. The air and soil temperature increase on the palsa peatland is the likely cause for the appearance of tree species (*Betula tortuosa*) and rise in frequency and coverage of shrubs (*Ledum palustre, Betula nana*).

The ecosystems are detected, in which the local temperature decrease observed on a background of the general tendency of temperature increase, caused by dynamics of the vegetation cover. It is necessary to allow a possibility of such different tendencies of temperature changes in ecosystems at for the same changes of the climate at geocrylogical monitoring.

For example, such downturn of permafrost temperatures was observed on dwarf shrub-sedge-peat moss bog, replaced through 25 years by sedge-dwarf shrub-lichen-peat moss peatland as a result of increase in moss thickness, accumulation of peat and growths of dwarf shrubs (*Andromeda polifolia, Chamaedaphne calyculata*). Here permafrost temperatures for the investigated period have gone down on 0.3^{0}C (fig.1), though in the next flat peatlands surrounding a drained up bog, the permafrost temperature became higher.

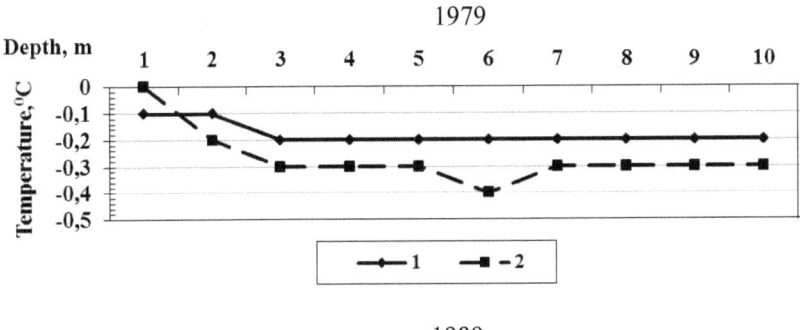

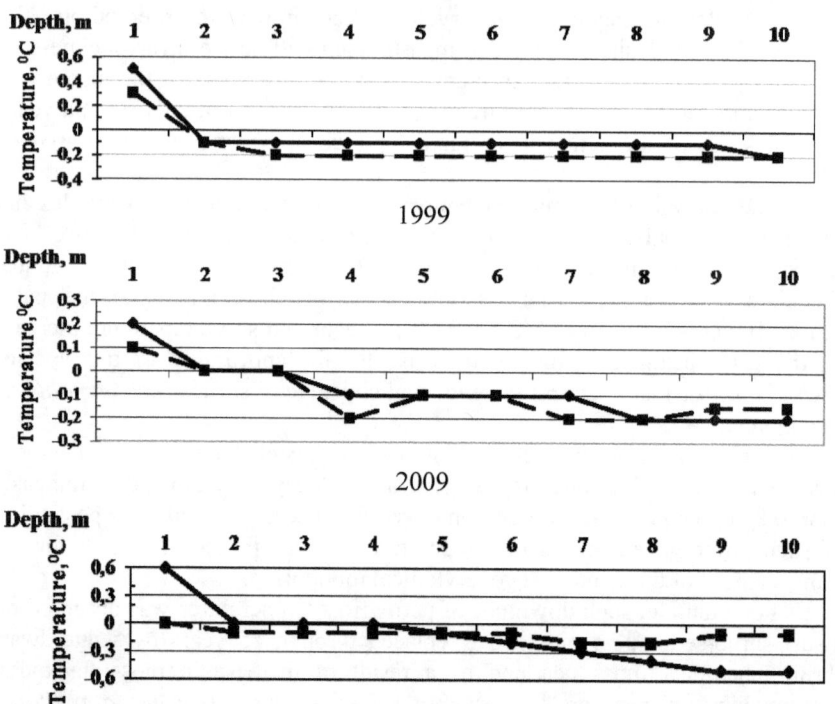

Fig.1. Permafrost temperature (T^0C) changes on the bog (1) and on the peatland (2) at the depths of 1-10 m in 1979, 1989, 1999 and 2009 years.

Thus long-term monitoring of the northern taiga ecosystem changes has allowed revealing impact of climatic changes and vegetation cover dynamics on the permafrost and its temperature.

The research was supported by Land-Cover Land-Use Change program, project Circumpolar Active Layer Monitoring (CALM, National Science Foundation, Grant NSF OPP-9732051, 0PP-0225603); project Thermal State of Permafrost (TSP, NSF RC-0632400, ARC-0520578) and Council under grants of the President of the Russian Federation (grant NSH-5582.2012.5).

References

1. Melnikov E.S. (ed.) 1983. *Landscapes of Permafrost Zone of the West Siberian Gas Province.* Novosibirsk, Nauka: 166 pp.

2. Moskalenko N.G. (ed.) 2006. *Anthropogenic Changes of Ecosystems in West Siberian Gas Province.* Moscow, Earth Cryosphere Institute: 358 pp.

Шаповалова Е.С.

младший научный сотрудник, Учреждение Российской академии наук
Институт проблем нефти и газа Российской академии наук
esshap@gmail.com

СОВРЕМЕННЫЕ ДВИЖЕНИЯ ЗЕМНОЙ ПОВЕРХНОСТИ И ИХ РОЛЬ В ТРАНСФОРМАЦИИ ЛАНДШАФТА

По определению Г.Д. Костинского [1] геопространство рассматривается не только как вместилище земных тел и явлений, но и как определенный их образ, а также структура, обусловленная движением, перемещением субстанций. Под современными движениями земной поверхности понимаются вертикальные движения, происходящие в зонах разломов. В геоморфологии принято считать, что тектонический фактор играет подчиненную роль в современных процессах рельефообразования, так как смена тектонических обстановок, приводящих к изменению рельефа поверхности, проявляется на геологических временах. По данным В.Г. Трифонова, В.И. Макарова, А.А. Никонова природные геодинамические процессы сказываются в основном на региональном уровне, причем скорость этих региональных поднятий и опусканий земной поверхности измеряется миллиметрами в год, что не может оказать существенного влияния на процессы преобразования современного рельефа.

Определяющим признаком геопространства по В.С.Преображенскому [5] является его организация и упорядоченность. Организация географических систем состоит в выделении устойчивых структур и в поиске механизмов взаимосвязей разнородных по генезису и темпам изменениям геокомпонентов, а также комплексов низшего ранга в единое целостное образование. Под упорядоченностью понимается пространственно-временная иерархия форм геопространства и (или) процессов, составляющих целостную взаимосвязанную структуру ландшафта. Таким образом, упорядоченность является важнейшим атрибутом организации, которая проявляется через многообразие при-родных форм, а также временных вариаций природных процессов, где имеют место ритмические, трендовые, пульсационные и шумовые компоненты.

Локальный уровень организации геопространства в большей степени определяется наличием зон сноса, аккумуляции и устойчивого равновесия, которые зависят от морфоскульптурных элементов рельефа, уклонов поверхности и изменении этих характеристик во времени. Скорость изменения форм рельефа зависит от физико-механических и физико-химических свойств горных пород, а также формирующихся на них почв и покрывающих их растительных сообществ. Таким образом, в основе динамических преобразований рельефа поверхности лежит механизм перераспределения массы горных пород под действием различных градиентов (силы тяжести, потоков вещества, их направленности и т.п.), которые определяются степенью расчлененности рельефа, т.е. понятием базиса эрозии. Поэтому геопространство рассматривается не только как территория земных тел и явлений, но и как определенный их образ, а также структура, обусловленная движением, перемещением субстанций.

Однако детальные и систематические измерения, проведенные в пределах платформенных и орогенных территорий, имеющих различное геологическое строение и географическое положение, позволили выявить приуроченность наиболее интенсивных вертикальных движений земной поверхности к зонам разломов, имеющих ширину от 0,1 до 2,0 км. Эти аномальные движения имеют чрезвычайно высокие амплитуды вертикальных смещений (5-7 см) и относительных деформаций (5-$7*10^{-5}$). [2;3]. Поэтому природные процессы, связанные с формированием ландшафтных систем и их экологической значимости для территорий, на которых проживает человек и осуществляет свою деятельность, являясь по своей сути многокомпонентными, должны учитывать и те глубинные процессы, которые по скорости воздействия на ландшафт можно определить как *современные*.

С одной стороны, как сказано выше, эндогенные региональные процессы имеют длительность порядка сотен тысяч лет, следовательно, определяют, в первую очередь, региональный фон и характер напряженного состояния горных пород, в условиях которых формируются региональные системы ландшафтов, развитие которых подчинено в основном климатической зональности.

С другой стороны, полученный экспериментальный материал, несомненно, указывает на локальную пространственно-временную нестабильность (неустойчивость) процессов деформирования земной поверхности, имеющих место в пределах собственно разломных зон.

Для оценки влияния локальных просадок (деформаций земной поверхности), формирующихся в процессе активизации разломных зон, на изменение рельефа земной поверхности и его структуру приведем пример расчета углов наклона, которые формируются при образовании γ-аномалий (таблица1).

Ширина разломной зоны, D (м)	Величина оседания земной поверхности, H (м)	Середина ширины разломной зоны d=D/2	Наклон земной поверхности, α (°)
1500	0.1	750	0.008
1500	0.2	750	0.015
1500	0.3	750	0.023
500	0.1	250	0.023
500	0.2	250	0.046
500	0.3	250	0.069
300	0.1	150	0.038
300	0.2	150	0.076
300	0.3	150	0.114

Из таблицы видно, что углы наклона земной поверхности (α) в разломной зоне, в зависимости от ее ширины и величины просадки, могут исчисляться от 0.1 до 0.01°.

Приведенные углы наклона земной поверхности, которые образовались за период, равный в среднем одному году с учетом периодического характера активизации разломов могут достигать максимальных величин от 1 до 10° за срок эксплуатации месторождения (50-100 лет), являясь весьма существенным фактором для развития опасных экзогенных процессов [4].

Выявленные временные рамки и параметры активных участков проявления вертикальных движений земной поверхности позволяют по-новому взглянуть на локальные процессы изменения рельефа земной поверхности. Здесь можно выделить два вида происходящих процессов. Первый – это явления, связанные с перераспределением потоков поверхностных вод – подтоплением, заболачиванием территорий, изменение русловых процессов, а также градиентов поверхностного стока. Второй – активизация таких геологических процессов, как оползни, карст, сели, а в местах распространения многолетнемерзлых пород – активное развитие термокарста, термоэрозии, бугров пучения, наледей, хасыреев и т.п., приводящих к более быстрым изменениям рельефа.

Таким образом, выявленный фактор проявления современных геодинамических процессов в разломных зонах дает возможность с новых позиций в геоморфологии выявить дополнительные механизмы, определяющие динамику локального уровня географического пространства, а также понять связь и ритмику опасных геологических процессов.

Литература

1. Костинский Г.Д. Идея пространственности в географии // Известия РАН, Сер. геогр. 1992. № 6. С. 31- 40.

2. Кузьмин Ю.О. Современная геодинамика и оценка геодинамического риска при недропользовании. М.: Агентство Экономических Новостей. 1999. 220 с.

3. Кузьмин Ю.О. Современная геодинамика разломных зон // Физика Земли. 2004. №10. С. 95-112.

4. Кузьмин Ю.О., Никонов А.И., Шаповалова Е.С. Развитие опасных экзогенных процессов при изменении структуры ландшафтов под воздействием геодинамических факторов Мат. Всероссийского совещания и молодежной школы «Современная геодинамика Центральной Азии и опасные природные процессы: результаты исследований на количественной основе» – В 2-х т. – Иркутск: ИЗК СО РАН, 2012. Т.2., 102-104.

5. Преображенский В.С. Основы ландшафтного анализа. М.: Наука, 1988. 192 с. (соавт. Т.Д. Александрова, Т.П. Куприянова)

Богомолова Е.П.
к.ф.-м.н., доцент, НИУ «МЭИ»
bogep@yandex.ru

АКТУАЛЬНОСТЬ ПЕРЕСТРОЙКИ КУРСА МАТЕМАТИКИ ДЛЯ БАКАЛАВРОВ ИНЖЕНЕРНЫХ НАПРАВЛЕНИЙ ПОДГОТОВКИ

Утверждение новых государственных стандартов программ высшего профессионального образования зафиксировало существенное сокращение учебных часов, отводимых на изучение математики. При этом перечень математических знаний, умений и навыков, которыми должен обладать бакалавр, не уменьшился, а по некоторым направлениям даже увеличился, ведь новейшие достижения в развитии инженерных наук неизбежно опираются на современный математический аппарат. В этой ситуации старые, выверенные годами учебные программы по математике уже не годятся для реализации. Сохранение прежних объёма и качества материала при сокращении учебных часов оказывается невозможным.

Эффективно изучить сложную дисциплину за укороченный срок нельзя хотя бы даже из-за особенностей восприятия студентом новой информации. Известно, что человеческий мозг является аналогом технического канала связи, подчиняющегося законам передачи информации [2], в частности, закону Шеннона. Согласно ему человеческий мозг за конечный промежуток времени способен без искажений принять лишь ограниченный объём информации, а ведь требуется не только принять, но и переработать, сохранить и при необходимости воспроизвести. Сама же математика бурно расширяется и углубляется. Ещё более полувека назад «отец» метода Монте-Карло С.М. Улам писал [1], что ежегодно в математических журналах публикуется около двухсот тысяч теорем. И хотя математики-преподаватели вузов даже и не пытаются изложить на лекциях что-то новое, способное осовременить инженерное образование, они с трудом успевают обучить студентов навыкам и методам даже двухсотлетней давности. Отсюда следует неизбежный вывод – объём математических знаний бакалавра должен быть серьёзно редуцирован, а их состав изменён.

Но, в высшей школе продолжает царствовать тезис о том, что всякий инженер обязан быть хорошим математиком. Несомненно, на заре развития инженерных наук так оно и было. Ещё в тридцатые годы прошлого столетия выдающийся учёный Норберт Винер читал в университете годовой курс лекций по математике и электротехнике. Сейчас же эти две дисциплины никто и не подумает объединить в одну. Инженерно-технологические запросы общества разительно изменились.

Изменились и технические средства, применяемые при решении задач. Только мизерный процент высокоинтеллектуальных инженеровисследователей сейчас нуждается в глубоких математических знаниях, позволяющих развивать перспективные передовые технологии. Остальные же представители технологически просвещённого общества – бакалавры и даже магистры технических наук – по сути своей являются потребителями готового математического продукта, который к тому же «спрятан» где-то в глубинах инженерных разработок.

Кроме того, если раньше преподаватели математики просто давали студентам необходимые математические знания и абстрактно расширяли математический кругозор будущих инженеров, то сейчас в рамках компетентностной модели математике в вузе придётся возложить на себя новые, не свойственные ей ранее функции. Преподаватели должны ознакомить студента с методами комплексного, проектного решения задач; повысить конкурентоспособность выпускника, дав ему актуальные знания; привить обучающемуся навыки эффективной самостоятельной исследовательской и экспериментальной работы.

Для того чтобы выбрать новые приоритеты в преподавании математики в техническом вузе, суметь пожертвовать частью во имя развития и процветания целого, рассмотрим основные процессы, прошедшие за последние полвека в сфере приложения математики к инженерным наукам.

Не все преподаватели математики пока осознали, что сам объект приложения математических знаний существенно изменился. Основным потребителем инженерных кадров в нашей стране ещё четверть века назад был военно-промышленный комплекс. Гонка вооружений требовала решения сложных математических задач, сводящихся к различным системам уравнений. Технологически слабая вычислительная база предполагала наличие у будущих инженеров навыков дифференцирования, интегрирования и алгебраических преобразований. Развитие всей мировой математики было направлено на поиск аналитических решений и создание приемлемых численных методов для наиболее точной их реализации. Сейчас в связи с появлением мощных вычислительных средств и сред аналитические инженерные исследования переместилась на второй план. На первый план изучения выходят задачи статистической обработки и анализа данных, процессы со стохастической неопределённостью. Они относятся не к области анализа, а к теории вероятностей, математической статистике, теории случайных процессов и т.п. Для их изучения студенты должны владеть немного другим, отличным от прежнего, математическим аппаратом (в том числе и вычислительным аппаратом – мощными математико-статистическими пакетами). Отсюда следует вывод: стоит пожертвовать некоторыми элементами курсов математического анализа и дифференциальных уравнений в пользу математической статистики, математического моделирования и компьютерных методов вычислений.

Конечно, роль синуса в математических и инженерных науках оспорить трудно. Но ещё труднее в ситуации широкого и повсеместного использования студентами разнообразных вычислительных средств обосновать целесообразность многочасовых упражнений по дифференцированию и интегрированию сложных функций, содержащих этот синус.

По поводу самих численных методов следует заметить, что лучшие из них давно реализованы в качественных и широкодоступных математических пакетах. Только важно учесть, что за лёгкостью использования готовых программных продуктов скрываются большие проблемы, связанные с границами и особенностями их применения, о которых пользователю в силу ряда причин не сообщается. И если раньше каждый исследователь, как правило, досконально изучал подходящий численный метод, сам писал вычислительную программу, знал её особенности и недостатки, то сейчас, используя готовые пакеты компьютерных программ, инженер даже не догадывается о широком спектре их особенностей. Отсюда следует вывод: обучать нужно не способам реализации численных методов, а пониманию их сути и основ.

Анализ тенденций изменений в системе высшего образования нашей страны позволяет сделать вывод, что в современных условиях развития прикладных технологий глубокие математические познания подавляющему большинству студентов не нужны и, вероятно, не пригодятся им в дальнейшей работе. А что же тогда требуется?

На мой взгляд, перед преподавателями математики в техническом вузе сейчас ставятся три глобальные задачи. Первая – снабдить студента минимальным математическим аппаратом, требующимся при изучении специальных дисциплин. Вторая – разъяснить по возможности строго те математические основы, на которых базируются исследовательский и вычислительный процессы. Третья – заложить основы комплексного метода постановки и решения задачи, приучить студента проверять и анализировать полученный результат и указать средства такой проверки.

Для этого должна быть концептуально изменена как базовая программа дисциплины «Математика», так и технология подачи материала.

Литература

1. Улам С. Приключения математика. Ижевск: РХД, 2001. – 272 с.
2. Шеннон К. Работы по теории информации и кибернетике. – М.: Изд-во иностранной литературы, 1963. – 830 с.

Барышева Т.Д.
магистрант кафедры психологии,
Мурманский государственный гуманитарный университет,
tatibar@mail.ru

РЕФЛЕКСИВНОЕ ОБУЧЕНИЕ КАК РЕСУРС ПРОФЕССИОНАЛЬНОГО РАЗВИТИЯ ПСИХОЛОГА

В условиях цивилизационных изменений, связанных с ускорением научно-технического прогресса, трансформацией профессионально-трудовых функций в системе распределенного производства, компьютеризацией и интернетизацией технологических и образовательных процессов, усилением синкретичности культуры как социального феномена, упрочением позиций идеи непрерывного образования в социуме, предъявляются повышенные требования к субъектности человека. К существенным признакам субъектности можно отнести такие качества, как ответственность, способность к целеполаганию, рефлексивность, способность к саморегуляции и самоизменению в течение всей жизни и т.д.

Высокий уровень профессионализма в современной парадигме его понимания (А.А.Деркач, В.Д. Шадриков, Ю.П. Поваренков, А.В. Карпов, А.К. Маркова, Л.М. Митина, Е.А. Климов, Е.А. Могилевкин и др.) закономерно оказывается результатом активности и самостоятельности человека как субъекта саморазвития. Рефлексия в обобщенном смысле является мысле-деятельностным или чувственно-переживаемым процессом осознания субъектом своей жизни и деятельности. Наличие метакогнитивных и рефлексивных качеств в структуре профессиональной компетентности выступает необходимым условием становления профессионализма. Поэтому рефлексия в ряду личностных и профессиональных качеств личности человека может представлять собой ресурс профессионального развития специалиста как высококвалифицированного мастера своего дела.

Разработка идей субъектного подхода к развитию личности способствовала оформлению концепции самопознания, самопонимания, рефлексии в российской психологической науке. Анализ полной психологической структуры деятельности человека с позиций субъектно-деятельностного подхода (А.Н. Леонтьев, Д.Б. Эльконин, В.Д. Шадриков, О.А. Конопкин, В.И. Моросанова, Ю.П. Поваренков, Н.В. Кузьмина, А.К. Маркова, Л.М. Митина, М.М. Кашапов и др.) дает возможность оценить вклад рефлексии в эффективность различных видов профессиональной активности. А.В. Карпов [2] анализирует характер рефлексии в психологической регуляции деятельности и поведения с точки зрения теоретических основ метасистемного подхода.

Среди зарубежных исследователей проблемой изучения рефлексивных и метакогнитивных процессов, вопросов «рефлексивного преподавания» и рефлексивной практики занимались, например, Д. Дьюи, Ж. Пиаже, Дж. Флейвелл, Д. Колб, Д. Шон, Р. Росс, Р. МакТаггарт, С. Кеммис, В. Луден. Среди современных зарубежных авторов, признающих рефлексию в качестве ключевой обучающей позиции и условия достижения высокого уровня эффективности в профессиональной деятельности, можно назвать Дж. Муна, Д. Даннинга, С. Кутиньо, Дж. Буда, Дж.Р. Бэрда, К. Калдерхеда, Х.-Дж. Хуанга, Т. Бурнера, К. Банниган, А. Моорес, К. Мэйр и др.

Д. Шон [8] рассматривал практическую рефлексию как способность профессионала интегрировать собственный опыт, имеющиеся теоретические знания и исследовательский подход с целью поиска оптимального решения неоднозначных практических проблем. Рефлексия специально выделяется исследователями как одна из самых универсальных внутренних регуляторных схем, позволяющих субъекту более активно организовывать собственные мыслительные действия, особенно в проблемных профессиональных ситуациях. Набор необходимых для профессиональной активности рефлексивных стратегий включает в себя умения осознанно выстраивать свою профессиональную деятельность, осмысливать ее процессы и результаты, прогнозировать разворачивание событий, проводить текущий анализ выполнения профессиональных действий, устанавливать соответствие способов своей деятельности поставленным задачам и т.д. Другими словами, сформированная профессиональная рефлексия позволяет человеку занимать осознанную рефлексивную позицию по отношению к собственной деятельности.

Поэтому эффективной формой рефлексивного обучения является анализ опыта погружения студентов в профессиональные ситуации. Например, такой привычный вид учебно-профессиональной деятельности, как практика в период вузовского обучения, предоставляет широкое поле для развития профессиональной рефлексии у студентов разных специальностей. Однако современная практико-ориентированная подготовка студентов должна включать современные образовательные технологии и выступать средством рефлексивного преобразования их профессионального и личного опыта. Например, О.А. Шумакова [5] описывает, как в процессе учебно-исследовательской практики происходит актуализация субъектного опыта будущих психологов за счет оказания им со стороны преподавателя различных видов психологической поддержки.

Новый подход к организации психолого-педагогического сопровождения профессионального развития начинающих специалистов предполагает, как нам представляется, изменение характера взаимодействия его участников, изменение задач преподавателя - организатора практики, изменение фокуса внимания обучаемых и их переход к метапознавательной деятельности. Становится необходимым создание метакогнитивного контекста обучения для развития у студентов навыков регуляции профессионального мышления и рефлексии. Роль преподавателя в создании такой среды заключается в формировании метакогнитивных стратегий через их описание, оценку и целенаправленное моделирование.

Поскольку рефлексия часто предполагает индивидуализированный личностный процесс самоанализа, рефлексивная практика как автономная «закрытая рефлексия» не может быть единственным условием развития профессиональной компетентности будущего специалиста. Лишь незначительное число студентов к началу прохождения учебных практик в реальных профессиональных ситуациях обладает высоким уровнем преднамеренного структурирования своего опыта и компетентны в проведении содержательного рефлексивного самоанализа. Не случайно взаимодействие начинающих специалистов с другими людьми может выступить в качестве катализатора развития рефлексивности и метакогнитивности. В.Е. Лепский [4], И.Н. Семенов, А.Л. Журавлев и другие авторы предлагают рассматривать рефлексию в обобщенном представлении как некую форму активности коллективного субъекта и механизм регуляции его деятельности на основе осознания деятельностных и коммуникационных позиций. Объектами рефлексии могут становиться и другие субъекты, которые через рефлексию включаются во внутренний план осуществляющего рефлексивные акты человека или группы. Поэтому поиск опытного руководства и поддержки, осуществление профессионального диалога определяются как существенные компоненты успешной рефлексивной практики и становления профессионализма.

Вслед за В.Я. Ляудис [3], мы придерживаемся подхода, отличительной особенностью которого является направленность рефлексивного процесса и возможность управления им. Апробация нашего варианта практико-ориентированной подготовки будущих психологов [1] свидетельствует о достаточной плодотворности такой стратегии. Благодаря комплексу условий, которые мы используем, поддерживается направленность рефлексивного анализа. Среди этих условий можно выделить «погружение» в реальные профессиональные ситуации; заранее сформулированные критерии для ориентировки в деятельности; постоянное заполнение аналитического дневника и составление рефлексивных отчетов по адаптированным методическим схемам; управляемые социальные контакты среди ключевого ядра их участников; рефлексивный диалог в контексте учебной супервизии для преодоления замкнутости «рефлектирующего практика» (по Д. Шону); создание насыщенной рефлексивно-обучающей среды за счет особой организации полисубъектного взаимообщения и использования микросоциальных технологий.

Ведение рефлексивных записей или составление рефлексивных самоотчетов обучаемыми можно соотнести со своеобразными стоп-кадрами в текущем потоке профессиональной активности, помогающими концентрации («схватыванию» и «кристаллизации») профессионального опыта и фиксированию продуктов профессиональной рефлексии. Одним из способов операционализации профессионально значимых психологических понятий и стимулирования профессиональной рефлексии может служить особым образом спроектированный детальный, пошаговый, структурированный анализ с опорой на соответствующие алгоритмы, с использованием таксономий Д. Толлингеровой - В.Я. Ляудис [3], Б. Блума - П. Паппаса [7]. Именно в ходе таких процедур у студентов закономерно происходит рефлексивное изменение имплицитных теорий, относящихся к их профессиональной деятельности.

Таким образом, насущной методической необходимостью системы профессионального образования является создание платформы для достаточно раннего становления и развития профессиональной рефлексии у студентов. Однако в ходе традиционных академических занятий и стихийной «неотрефлексированной» профессиональной практики подобные изменения являются незначительными. Способность к рефлексии, даже если к началу профессионального образования она находится у студента на приемлемом уровне, сама по себе не приводит автоматически к профессиональному росту и мастерству. Для них необходимы особые психолого-акмеологические условия для инициирования и поддержания у студентов потребности в рефлектировании собственного опыта. В настоящий момент исключительно важной научной и практической задачей становится разработка психолого-акмеологических технологий развития профессиональной рефлексии, формирования рефлексивных умений будущих специалистов.

Литература:

1. Барышева Т.Д. Подготовка психолога к работе в системе среднего профессионального образования: рефлексивная модель обучении. Монография. Мурманск: МГГУ, 2011.

2. Карпов А.В. Метасистемный подход и психология сознания. Монография. Ярославль-М., 2008.

3. Ляудис В.Я. Методика преподавания психологии. М., 2008.

4. Рефлексивный подход: от методологии к практике / Под ред. В.Е. Лепского. М., 2009.

5. Шумакова О.А. Актуализация субъектного опыта будущих психологов в процессе учебно-исследовательской практики // Гуманитарные научные исследования, 2012, ноябрь. [Электронный ресурс]. URL: http://human.snauka.ru/2012/11/1867

6. Dewey, J. (1933/1993). How We Think: A restatement of the relation of reflective thinking to the educative process. New York: D. C. Heath.

7. Pappas, P. (2010). Taxonomy of Lower to Higher Order Reflection. URL: http://www.peterpappas.com

8. Schön, D. (1987). Educating the Reflective Practitioner: Toward a New Design for Teaching and Learning in the Professions, Jossey-Bass, London.

Носова С.Е.

студент, ФГБОУ ВПО «Алтайский государственный университет»
Сагалакова О.А.
доцент, канд.психол.наук, ФГБОУ ВПО «Алтайский государственный университет»

ОСОБЕННОСТИ РАЗВИТИЯ ВЫСШИХ ПСИХИЧЕСКИХ ФУНКЦИЙ У ДЕТЕЙ С СИМПТОМАМИ РАННЕГО ДЕТСКОГО АУТИЗМА В КОНТЕКСТЕ АТРИБУТИВНОГО СТИЛЯ РОДИТЕЛЕЙ

Родители, чьи дети страдают ранним детским аутизмом (РДА), часто говорят: «Мой сын очень любит одиночество и почти не говорит, а приближение чужого человека воспринимает как угрозу».

До сих пор ученые не нашли однозначного ответа на вопрос о причинах таких нарушений (отмечается, что таких факторов множество), также как и на вопрос о техниках, гарантирующих эффективное развитие ВПФ. Наиболее продуктивным направлением оказался пато- и нейропсихологический подход к развитию психических функций при РДА [3;4]. Однако и сейчас говорить о высокой эффективности коррекции серьезных аутистических нарушений пока рано (Б.В. Зейгарник, К.С. Лебединская, О.С. Никольская, Т.В. Ахутина, Ж.М. Глозман, С.Я. Рубинштейн).

Необходимо расширить диапазон факторов, которые могут опосредовать процесс развивающей работы, влияя на его эффективность контекстуально. Например, то, как родители реагируют на успех и неудачу в процессе развития ВПФ при РДА, как они объясняют, от чего может зависеть улучшение или ухудшение состояния психики ребенка, как понимают свою роль в этом процессе, насколько они готовы к участию и соучастию на длительном и нелегком пути развития ВПФ.

Речь идет об атрибутивном стиле родителей (например, склонности к беспомощности и глобализации неудач или к противоположной тенденции, наличие или отсутствие нереалистических ожиданий, наличие определенных каузальных установок в отношении состояния ребенка и его динамики).

В рамках DSM-IV аутистические нарушения рассматриваются как группа расстройств. Это всеобъемлющие искажения развития, характеризующиеся серьезными и масштабными затруднениями в нескольких психических сферах одновременно: это и навыки социального взаимодействия, и навыки общения, и стереотипное поведение, и интересы. Неспособность играть с другими, отсутствие живого интереса к окружающему, стереотипность в поведении, страхи, агрессия, самоагрессия, задержка речевого и интеллектуального развития, редукция социальных навыков, - вот неполный список наиболее бросающихся в глаза симптомов РДА [2].

Актуальность проблемы определяется потребностью науки и практики в разработке методических средств психологической коррекции и развития ВПФ при симптомах РДА в контексте атрибутивного стиля родителей, направлении психологической активности в отношении ожиданий, установок, объяснительных моделей родительского восприятия и поведения в данной ситуации. Итак, исследование посвящено анализу особенностей развития ВПФ при симптомах РДА в контексте атрибутивного стиля родителей, под которым понимается характерный способ когнитивной переработки ситуации на основе относительно устойчивой объяснительной модели жизненных событий (успехов, неудач, нейтральных), а также специфические особенности пристрастной селекции информации об успешности / неуспешности исхода ситуации, ожидании и предвосхищении успеха / неуспеха в ситуации.

М. Селигман, Т.О. Гордеева пишут об оптимистическом и пессимистическом атрибутивном стилях, различающихся по склонности к селекции информации о неуспехе и успехе, глобализации во времени и стабилизации в пространстве неудач и объяснении успеха – случайностью) []. В данном исследовании предполагается, что атрибутивный стиль родителей играет важную роль в опосредовании эффекта восстановления ВПФ при симптомах РДА. Так, для детей с симптомами РДА, чьи родители имеют склонность к оптимистическому атрибутивному стилю, а также реалистичные ожидания, у которых выражена готовность к соучастию в процессе восстановления и развиты адекватные установки в отношении успехов и неудач ребенка, - процесс развития ВПФ оказывается более эффективным, прогноз – более позитивным. При этом положительная динамика значительно стабильнее в сравнении с противоположной ситуацией и промежуточными формами объяснительного стиля в сочетании с нереалистичными ожиданиями.

Полученные данные о различиях в эффективности динамики состояния ребенка при разном атрибутивном стиле родителя, - позволяют разработать и внедрить в практику эмпирически обоснованную программу психологической помощи как детям с РДА, так и родителям, чей атрибутивный стиль препятствует эффективности психологической работы. В исследовании принимают участие дети с симптомами РДА дошкольного возраста и их родители.

Методы исследования: тестирование, пато- и нейропсихологический эксперимент, наблюдение. Методический аппарат: опросник оптимизма – ШОСТО (М. Селигман, адаптация Т.О. Гордеевой, В.Ю. Шевяховой), опросник родительского отношения (А.Я. Варга, В.В. Столин), авторский опросник атрибутивного стиля родителей, имеющих детей с РДА, экспериментальные пато- и нейропсихологические методики (Б.В. Зейгарник, А.Р. Лурия, др.). На первом этапе исследования осуществляется сбор диагностических данных. Родители детей с симптомами РДА группируются по типам атрибутивного стиля и выраженности его особенностей.

Для исследования ВПФ используются методики нейропсихологического анализа состояния ВПФ в детском возрасте и карта наблюдения. Личный вклад: постановка гипотезы о взаимодействии факторов позволила разработать системную коррекционную программу, в которой принимают участие как дети с симптомами РДА, так и их родители с разным атрибутивным стилем. Программа будет внедрена в реабилитационные и медицинские центры. Исследование находится на стадии обработки и интерпретации данных, а также - разработки указанной коррекционной программы.

1. Гордеева Т.О., Осин Е.Н., Шевяхова В.Ю. Диагностика оптимизма как стиля объяснения успехов и неудач: Опросник СТОУН. - М.: Смысл, 2009. - 152 с.
2. Лебединская К.С., Никольская О.С., Баенская Е.Р. и др. Дети с нарушениями общения: Ранний детский аутизм. – М.: Просвещение, 1989.
3. Рубинштейн С.Я. Экспериментальные методики патопсихологии и опыт применения их в клинике. СПб.: ЛЕНАТО, 1998.
4. Схема нейропсихологического исследования / Под ред. А.Р. Лурия. М.: Изд-во Моск. ун-та, 1973.

Кутергина Н.А.

к.т.н., старший преподаватель ФГБОУ ВПО «Вятский государственный университет»;

Кузьмин В.А.

д.т.н., профессор ФГБОУ ВПО «Вятский государственный университет».

КОМПЛЕКСНОЕ ИССЛЕДОВАНИЕ ТЕПЛОВОГО ИЗЛУЧЕНИЯ ПРОДУКТОВ СГОРАНИЯ ЭНЕРГОУСТАНОВОК

С развитием и изменением промышленного производства, с появлением новых установок меняются и продукты сгорания, отходы и выбросы этих установок. Для уменьшения износа деталей и механизмов промышленных и энергетических установок, для снижения негативного воздействия на окружающую среду и экологию в целом, для экономии и рационального использования топливно-энергетических ресурсов, необходимо решать проблему повышения эффективности сжигания топлива и нейтрализации отходов и выбросов в котлах-утилизаторах. Поэтому точный расчет лучистого теплообмена в различных энергетических установках – одно из необходимых и важнейших условий при их проектировании, разработке и эксплуатации.

В данной работе проведено комплексное исследование теплового излучения гетерогенных продуктов сгорания энергетических установок: оптических свойств (комплексный показатель преломления), радиационных характеристик единичных частиц (сечения поглощения, рассеяния и ослабления), радиационных характеристик единичного объема (спектральные коэффициенты ослабления, поглощения и рассеяния) и характеристик излучения (спектральные и интегральные плотности потоков энергии излучения и степень черноты).

При исследованиях теплового излучения для обоснования невозможности использования серой модели излучения гетерогенных продуктов сгорания была использована следующая физическая модель: плоский слой со свободной границей, в методике используются разные распределения температур и давлений, частицы сферической формы и другие термо- и газодинамические параметры, постоянная функция распределения для конкретной энергетической установки. Спектральный диапазон $\lambda=1..5$ мкм с шагом 0,1 мкм, чтобы доля максимального излучения попадала в этот диапазон. Математическая модель предусматривает вычисление характеристик излучения с помощью метода сферических гармоник в P_3-приближении, а также радиационных характеристик частиц по программе «SPEKTR», разработанной в ВятГУ под руководством Кузьмина В.А. на основе теории Ми и различных приближений для больших и малых частиц [1; 2]. Радиационные свойства газов при высоких температурах рассчитываются при помощи методов, описанных в [3].

Важнейшим исходные параметры: комплексный показатель преломления (определяет оптические свойства частиц конденсата): $m = n_1 - n_2 \cdot i$, где n_1 – показатель преломления, n_2 – показатель поглощения частиц конденсированной фазы продуктов сгорания; параметр дифракции (характеризует влияние на рассеяние и поглощение дифракционных явлений на частицах в зависимости от соотношения между размером частиц и длиной волны падающего излучения): $\rho = 2\pi r / \lambda$; функция распределения частиц по размерам $f(r)$. Она зависит от конкретного процесса, в соответствии с этим не является универсальной и для каждого процесса имеет свои параметры.

Также исходными данными являются термо- и газодинамические параметры (температура, давление, массовая доля, состав, концентрация и т.д.).

Для поглощающей, рассеивающей и излучающей среды уравнение переноса энергии излучения:

$$(\Omega\nabla)I(r,\Omega) + k_\lambda I(r,\Omega) = \beta_\lambda \int_{4\pi} I(r^{'},\Omega^{'})\gamma\left(r,r^{'},\stackrel{\wedge}{\Omega\Omega^{'}}\right)d\omega^{'} + \alpha_\lambda I_0(r).$$

Для полидисперсных систем радиационные характеристики единичного объема (коэффициенты ослабления k, 1/мм, поглощения α, 1/мм и рассеяния β, 1/мм):

$$k = N \cdot \int_0^\infty \sigma_{осл}(r)f(r)dr, \quad \alpha = N \cdot \int_0^\infty \sigma_{погл}(r)f(r)dr, \quad \beta = N \cdot \int_0^\infty \sigma_{рас}(r)f(r)dr, \quad \gamma = \int_0^\infty \gamma_0(r)f(r)dr,$$

где N – числовая концентрация.

Радиационные характеристики индивидуальных частиц (сечения ослабления $\sigma_{осл}$, мкм^2, рассеяния $\sigma_{рас}$, мкм^2 и поглощения $\sigma_{погл}$, мкм^2): $\sigma_{осл} = \pi r^2 К_{осл}(m,\rho)$, $\sigma_{рас} = \pi r^2 К_{рас}(m,\rho)$, $\sigma_{погл} = \sigma_{осл} - \sigma_{рас}$, где r – радиус частиц, m – комплексный показатель преломления и ρ - параметр дифракции.

Спектральные и интегральные плотности потоков (F_λ, Вт/(см^2·мкм) и F, Вт/см^2) через единицу площади поверхности, перпендикулярной направлению нормали: $F_\lambda = \int_\Omega I(r\Omega)\Omega n d\Omega$, $F = \int_0^\infty F_\lambda d\lambda$.

Спектральные и интегральные степени черноты (ε_λ и ε) находятся как: $\varepsilon_\lambda = F_\lambda / F_{\lambda A ЧТ}$, $\varepsilon = \int_0^\infty \varepsilon_\lambda d\lambda$.

В работе был произведен комплексный расчет теплового излучения для различных систем частиц рабочих сред действующих энергетических установок. Исходные данные взяты из работ [4; 5].

В качестве примера на рис. 1 представлены радиационные характеристики единичных частиц от длины волны. На рис. 2 показаны полученные характеристики излучения продуктов сгорания для котла **УЭЧМ-67** (Семилукский огнеупорный завод).

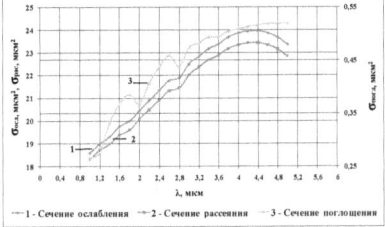

Рис.1. Радиационные характеристики единичных частиц котла УЭЧМ-67.

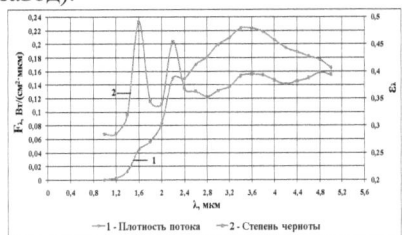

Рис.2. Характеристики излучения продуктов сгорания котла УЭЧМ-67.

Из полученных зависимостей видно, что значения сечений ослабления, поглощения и рассеяния с увеличением длины волны возрастают; с уменьшением температуры усиливаются полосы поглощения газовой фазы. С увеличением температуры гетерогенных продуктов сгорания максимум излучения смещается в сторону коротких длин волн за счет излучения частиц.

Анализ результатов исследований позволяет оценить влияние исходных параметров на микро- и макроуровни с целью их корректного учета или пренебрежения при прогнозировании и планировании физического эксперимента. Полученные результаты представляют высокий практический интерес, связанный с решением ряда проблем, возникающих в работе различных энергетических установок.

Литература (источники):

1. Кузьмин В.А., Маратканова Е.И. Комплексная программа расчета характеристик излучения гетерогенных продуктов сгорания // Совершенствование теории и техники тепловой защиты энергетических устройств: Тез. докл. Респ. конф. 26-28 мая 1987 г. Киев, 1987. – С. 69-70.

2. Кузьмин В.А. Тепловое излучение в двигателях и энергетических установках. Киров: ООО «Фирма «Полекс», 2004. - 231 с.

3. Каменщиков В.А., Пластинин Ю.А., Николаев В.М., Новицкий Л.А. Радиационные свойства газов при высоких температурах. М.: Машиностроение, 1971. – 440 с.

4. Таймаров М.А., Исследование излучательной способности конструкционных материалов и пылегазовых сред применительно к

расчету теплообмена в котлах-утилизаторах: Дисс... докт. техн. наук. Казань, 1997. – 347 с.

5. Кутергина Н.А., Исследование теплового излучения продуктов сгорания энергетических установок методом вычислительного эксперимента: Дисс. … канд. техн. наук. Казань,2012 – 133 с.

Яшина А.Г.

аспирант, Вятский государственный гуманитарный университет,
г. Киров, Россия
ayashina.vshu@gmail.com

ПОИСК РЕЧЕВЫХ ДОКУМЕНТОВ С ИСПОЛЬЗОВАНИЕМ РАЗЛИЧНЫХ МЕР СРАВНЕНИЯ ФОНЕМ

Введение. Поиск речевых документов по текстовому или устному запросу является трудной задачей, для решения которой используются алгоритмы распознавания речи и информационного поиска. Данная задача относится к области Spoken Document Retrieval (SDR). Наиболее очевидный SDR подход заключается в поиске слов запроса в тексте, который является результатом распознавания речевых документов. В этом случае не принимается во внимание схожесть произношения слов, которая может приводить к искажению текстового представления документа. Используя сравнение слов по фонемам можно учесть подобные ошибки.

В данной работе описан алгоритм поиска речевых документов на основе подсчёта вхождений слов запроса в содержание распознанных речевых документов. Также приведены результаты поиска при буквенном и фонемном представлениях слов, используя различные меры сравнения фонем.

Алгоритм поиска. Речевой документ d_k коллекции D, представляет набор независимых распознанных слов $\left\{w_i^{d_k}\right\}$. Чтобы снизить влияние ошибок распознавания пауз, содержание речевого документа рассматривается как слова $\left\{w_i^{d_k}\right\}$ соединенные в одну фразу w^{d_k} без пробелов. Текстовый запрос Q является последовательностью ключевых слов $\left\{w_j^Q\right\}$. Задача SDR может быть сведена к поиску документов d_k, что

$$\arg\max_D F\left(d_k, Q\right), \tag{1}$$

где функция F вычисляет оценку релевантности документа $d_k \in D$ запросу Q. Данную оценку определим как наличие в содержании документа слов сопоставимых со всеми словами запроса. Для сравнения w^{d_k} и w_j^Q вводится следующая мера близости.

Пусть фраза w^{d_k} представлена посредством кортежа $\left(c_1^{w^{d_k}}, c_2^{w^{d_k}}, ..., c_N^{w^{d_k}}\right)$ и аналогичным образом $w_j^Q = \left(c_1^{w^Q}, c_2^{w^Q}, ..., c_M^{w^Q}\right)$. Элементами кортежа являются буквы или фонемы. Тогда меру близости между w^{d_k} и w_j^Q можно вычислить как

$$\frac{\phi\left(w^{d_k};\, w_j^Q\right)}{\phi\left(w_j^Q;\, w_j^Q\right)}, \tag{2}$$

где значение $\phi(w_1;\, w_2)$ – длина наибольшей общей подпоследовательности w_1 и w_2. Для вычисления функции $\phi(w_1;\, w_2)$ используется вспомогательная матрица, элементы которой определяются

$$a_{i,\,j} = a_{i-1,\,j-1} + \lambda. \tag{3}$$

Значение λ при буквенном представлении слова равно

$$\lambda = \begin{cases} 0,\; c_i^{w_1} \neq c_j^{w_2} \\ 1,\; c_i^{w_1} = c_j^{w_2} \end{cases}, \tag{4}$$

где c_i^w – буква слова w на i позиции. В случае фонемного представления значение λ соответствует значению меры близости между фонемами фразы и запросного слова.

Тогда

$$\phi(w_1;\, w_2) = \max_A\left(a_{i,\,j}\right). \tag{5}$$

Если значение меры близости (2) выше некоторого значения a, то считается, что слово w_1 сопоставимо слову w_2.

Сравнение фонем. Фонемное представление распознанных фраз и слов запроса основывается на использовании скрытой Марковской модели (СММ) [1], в которой наблюдаемые последовательности являются буквенными значениями, а скрытые состояния – фонемами.

Для вычисления значения λ из (3) для фонем φ_i и φ_j может быть использовано нормированное расстояние в Евклидовой метрике

$$\lambda = 1 - \frac{d\left(\vec{\varphi}_i;\, \vec{\varphi}_j\right)}{t}, \tag{6}$$

где $\vec{\varphi}_i$ и $\vec{\varphi}_j$ – распределение вероятностей соответствия i и j фонем буквенным значениям, а t – максимально возможное расстояние между фонемами. Значение $d\left(\vec{\varphi}_i;\, \vec{\varphi}_j\right)$ вычисляется как

$$d\left(\vec{\varphi}_i;\, \vec{\varphi}_j\right) = \sqrt{\sum_{k=1}^{N} \frac{\left(\varphi_i[k] - \varphi_j[k]\right)^2}{\sigma_k^2}}, \tag{7}$$

где σ_k^2 – несмещенная оценка среднеквадратической ошибки k-го элемента вектора.

В распределениях вероятностей соответствия фонем буквенным значениям присутствует большое количество нулей, что уменьшает отличие фонем между собой. Для сравнения фонем только по ненулевым значениям данных вероятностей используется

$$\lambda = \frac{\sum_{k=1}^{N'} 1 - \left(\varphi_i [k] - \varphi_j [k] \right)^2}{N'}, \tag{8}$$

где N' – количество символьных значений, для которых вероятности фонем φ_i и φ_j не равны 0.

Результаты. Для распознавания речи используется система CMU Sphinx [2] с моделями [3]. На основе содержания 620 речевых документов коллекции [4] были сформированы пять групп запросов по 50 неповторяющихся словосочетаний. В системе поиска используется сторонняя реализация СММ [5].

Эффективность поиска оценивалась посредством показателей полноты, точности и F-меры [6]. В Таблице 1 представлены результаты экспериментов при различных a, определяемых на основе отношения длины основы l^s слова w_j^Q к длине l^w данного слова. Выделение основы слова выполняется на основе алгоритма Портера [7].

a	Буквенное представление			Фонемное представление					
				сравнение фонем по (6)			сравнение фонем по (8)		
	R	P	F	R	P	F	R	P	F
l^s / l^w	47,29	48,63	**47,95**	49,11	49,61	**49,36**	46,51	46,48	**46,50**
$\left(l^s - 1 \right) / l^w$	57,63	46,40	**51,41**	61,31	44,63	**51,66**	62,36	45,13	**52,36**
$l^s / l^w - 0,1$	49,29	49,53	**49,41**	57,89	48,91	**53,03**	56,63	45,96	**50,74**

Таблица 1. Значения полноты R, точности P и F-меры поиска

Результаты экспериментов показывают, что использование фонемного представления слов повышает эффективность поиска по сравнению с буквенным представлением. Меры близости между фонемами, вычисляемые посредством (6) и (8), дают похожие результаты, но наибольшие значения показателей достигаются при (6).

Литература

1. Рабинер Л.Р. Скрытые Марковские модели и их применение в избранных приложениях при распознавании речи: Обзор / Л.Р. Рабинер – ТИИЭР, т. 77, № 2 - 1989.

2. CMU Sphinx. Open Source Toolkit For Speech Recognition // [Электронный ресурс] - URL: http://cmusphinx.sourceforge.net/.

3. voxforge-ru-0.2 // [Электронный ресурс] - URL: http://sourceforge.net/projects/cmusphinx/files/Acoustic%20and%20Language%20Models/Russian%20Voxforge/.

4. msu_ru_nsh_clunits // [Электронный ресурс] - URL: http://sourceforge.net/projects/festlang.berlios.

5. Accord.NET Framework //[Электронный ресурс] - URL: http://code.google.com/p/accord/.

6. Агеев М. Официальные метрики РОМИП / М. Агеев, И. Кураленок, И. Некрестьянов // [Электронный ресурс] - URL: http://romip.ru/ romip2010/20_appendix_a_metrics.pdf.

7. Snowball // [Электронный ресурс] – URL: http://snowball.tartarus.org /algorithms/russian/stemmer.html

Крылов Е.Г.
ктн, доц. каф. "Автоматизация производственных процессов"
Веселова Е.С.
студентка машиностроительного факультета, ВолгГТУ

МОДЕЛИРОВАНИЕ КОНСТРУКЦИЙ ТВЕРДОСПЛАВНЫХ РЕЖУЩИХ ПЛАСТИН С ПОВЫШЕННОЙ ТЕПЛОПРОВОДНОСТЬЮ

Управление процессом резания при обработке металлов, получение оптимальных выходных показателей обработки может быть достигнуто при условии выбора наилучших входных параметров резания, что возможно лишь на основе изучения физических явлений, протекающих при формообразовании.

Анализ результатов многочисленных исследований, выполненных отечественными и зарубежными учеными, показывает, что превалирующая роль в сложном механизме физических процессов, происходящих при резании материалов, принадлежит тепловым явлениям. Одним из методов интенсификации теплоотвода в деталь является создание на инструменте малонагруженных теплоотводящих кромок. Такие кромки, снимая небольшой слой материала, незначительно увеличивают общее количество теплоты, образующейся при резании.

Наиболее распространен метод улучшения температурного режима вдоль режущей кромки за счёт изменения формы задней поверхности режущей пластины, а также применения дополнительных элементов на передней поверхности. Разработаны следующие формы СМП (рис. 1).

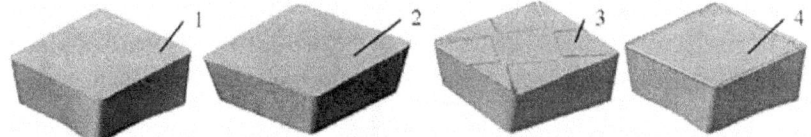

Рисунок 1 - Формы сменных многогранных пластин [3,77]
1-е одинаковыми сечениями в направлении схода вдоль режущей кромки;
2-е повернутым нижним основанием относительно верхнего;
3-е плоской канавкой, выполненной в направлении схода стружки;
4-е канавкой переменного радиуса.

Авторами статьи предложена форма вставки в виде элемента тела вращения (рис.2). Данная пластина повышенной теплопроводности избавлена от основного недостатка предложенных ранее конструкций [1,54], а именно — обладает высокой прочностью, так как не требует подточки по задней поверхности в зоне работы главной режущей кромки.

Это обусловливает её применение, как на чистовых, так и на черновых режимах обработки.   А также более равномерное распределение температурных полей внутри режущей пластины.

Твёрдый сплав   Медь

Рисунок 2 - Пластина повышенной теплопроводности (ПТ) с медными вставками на задней поверхности.

При описании тепловых процессов в твёрдых неоднородных телах, используют эквивалентные коэффициенты теплопроводности. Они рассчитываются исходя из известных значений коэффициентов теплопроводности компонентов, входящих в состав неоднородного тела.

$$\lambda_{экв} \approx \lambda_1^{P_1} \lambda_2^{P_2} \dots \lambda_m^{P_m} \approx \prod_{i=1}^{m} \lambda_i^{P_i}, \tag{1}$$

где λ_i – коэффициент теплопроводности отдельного элемента, (Вт/м·°C); P_i –относительная объемная концентрация элемента ($\prod_{i=1}^{m} P_i = 1$).

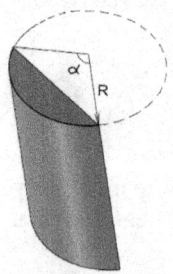

Рисунок 3 – Размеры высокотеплопроводной медной вставки.

1.   Коэффициент эквивалентной теплопроводности:

$$\lambda_{экв} = \lambda_1^{P_1} \cdot \lambda_2^{P_2}, \tag{2}$$

где λ_1 – коэффициент теплопроводности твердого сплава; λ_2 – коэффициент теплопроводности меди.

$$P_1 = V_m / (V_m + 4V_м), \tag{3}$$

где P_1 – относительная объемная концентрация твердого сплава.

$$P_1 = 4V_м / (V_m + 4V_м), \tag{4}$$

где P_2 – относительная объемная концентрация меди.

По результатам расчёта построены графики зависимости величины коэффициента эквивалентной теплопроводности от размеров медной вставки (Рис. 4, 5).

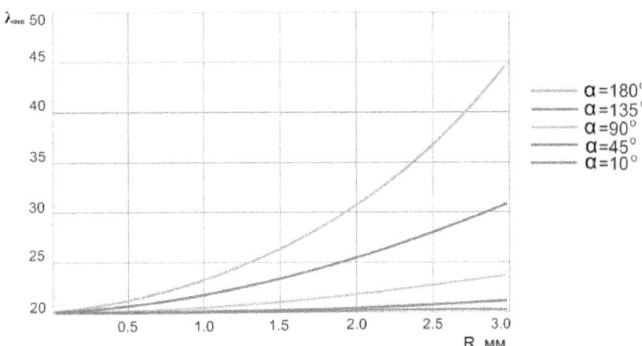

Рисунок 4 – Зависимость коэффициента эквивалентной теплопроводности $(\lambda_{экв})$ от радиуса кривизны медной вставки (твердый сплав Т15К6; медь марки М1 по ГОСТ 859-2001; R- радиус кривизны медной вставки, мм; α – центральный угол сегмента окружности медной вставки, мм).

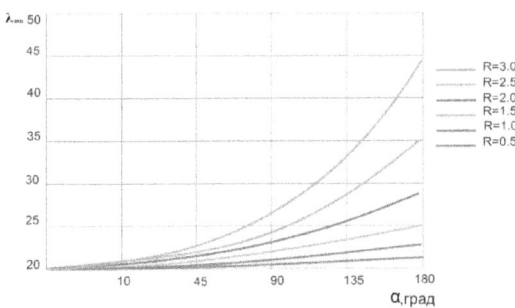

Рисунок 5 – Зависимость коэффициента эквивалентной теплопроводности $(\lambda_{экв})$ от центрального угла сегмента окружности медной вставки (твердый сплав Т15К6; медь марки М1 по ГОСТ 859-2001; R- радиус кривизны медной вставки, мм; α – центральный угол сегмента окружности медной вставки, мм).

Анализ графиков (рис. 4, 5) показывает, что наблюдается линейная зависимость роста коэффициента эквивалентной теплопроводности пластины при увеличении, как радиуса кривизны, так и угла сегмента теплопроводной вставки.

Ниже приведены значения коэффициентов теплопроводностей некоторых твёрдых сплавов в сравнении с эквивалентными коэффициентами теплопроводности (рис. 6). Наблюдается существенное повышение эквивалентной теплопроводности пластин предложенной конструкции.

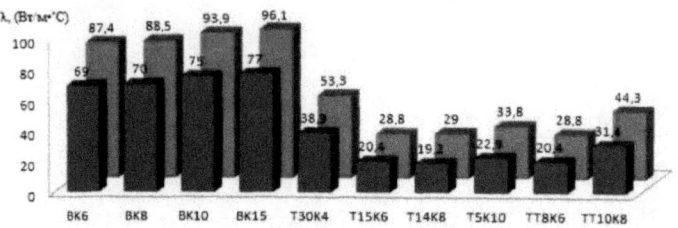

■ Теплопроводность твёрдого сплава   ▨ Эквивалентная теплопроводность твердый "сплав+медь"

Рисунок 6. - Расчётные значения эквивалентной теплопроводности пластин новой конструкции из различных марок твёрдого сплава
(пластина квадратная 16x16x6мм, размер медной вставки α=180°, R2.5, h=6мм).

Следует отметить, что благодаря применению в сборной пластине медных вставок, удаётся экономить около 10% дорогостоящего твёрдого сплава. Это позволяет в условиях машиностроительного производства достичь дополнительной экономии средств. Изменение конструкции пластины даёт возможность осуществлять лезвийную обработку резанием без применения СОТС (СОЖ) [2,126]. Известно, что применение СОЖ приводит к появлению переменных термических напряжений на повышенных скоростях резания, в результате чего в инструментальном материале могут возникнуть микротрещины, приводящие к его поломке.

Список использованных источников:

1. Нехорошков СВ. Экспериментальные исследования работоспособности твердосплавных пластин повышенной теплопроводности / СВ. Нехорошков, Ю.С Дубров, Г.С. Николаева // Сборник трудов XX международной научной конференции «Математические методы в технике и технологиях». Т. 4, секция 5 / ЖГУ. - Ярославль, 2007. - С 53-55.
2. Николаева Г.С. Неперетачиваемые пластины повышенной теплопроводности /Г.С. Николаева, Ю.С. Дубров, СВ. Нехорошков //Труды научно-теоретической конференции профессорско преподавательского состава «Транспорт 2003»/ РГУПС. - Ростов н/Д, 2003. - Ч.1.- С 126-127.
3. Проскоков А.В. Расчет температурных полей в зоне резания // Материалы 4-й Всероссийской научно-практической конференции «Проблемы повышения эффективности металлообработки в промышленности на современном этапе». - Новосибирск: Изд. НГТУ, 2006 - С.77-78.

Мельников Г.О.
магистрант
Ларин Е.С.
магистрант
Ревин А.А.
профессор, дтн
Дыгало В.Г.
доцент, ктн
Волгоградский Государственный технический университет

КОМПЬЮТЕРНЫЙ МЕТОД ДИАГНОСТИКИ СИСТЕМ АКТИВНОЙ БЕЗОПАСНОСТИ АВТОМОБИЛЯ. ДИАГОНСТИКА ABS И ESP

Рост числа автомобилей, несомненно, ведет к росту ДТП. Ежегодно 1,2 миллиона человек погибает в ДТП и 50 миллионов получают травмы. Но даже это число каждый день растет. На развивающихся авторынках аварийность на порядок выше. Связанно это с тем, что страны, где большая доля населения не имеет возможности позволить себе приобрести качественные автомобили, оснащенные различными системами безопасности. Самые безопасные автомобили, выпускаемые в Российской Федерации – Lada Kalina, Granta и Priora, УАЗ Patriot а также семейство «Газель», для которых опционально доступны ABS и подушки безопасности, систему ESP на данный момент не предлагает ни один производитель, однако АВТОВАЗ планирует оснащать в качестве опции электронной системой стабилизации курсовой устойчивости модели Lada Granta, Priora и Kalina 2.

Антиблокировочная система тормозов уже давно носит обязательный характер в Европе, Америке и ряде других стран, с ноября 2011 года в список обязательного оборудования попала и система стабилизации курсовой устойчивости. Применение ABS и ESP вызывает потребность в техническом обслуживании и контроле работоспособности. Хотя системы считаются очень надежными, отказы всё же случаются. Официальная статистика ГИБДД за 2011 год утверждает, что процент происшествий по причине отказов сравнительно невелик. Однако реальное количество таких ДТП гораздо выше. Если ДТП вызвано несколькими причинами фиксируются в качестве основной нарушение ПДД, а техническая неисправность - в качестве сопутствующей. Наличие технических неисправностей автомобиля опасно не только потому, что они могут явиться прямой или косвенной причиной ДТП, но и потому, что вождение такого транспортного средства затрудняет работу водителя и отвлекает его от процесса управления.

При отказе система ABS отключается и водитель, привыкший к помощнику оказывается тет-а-тет с тормозной системой. При экстренном торможении он по привычке бьет по педали тормоза, срывая автомобиль в юз. Если автомобиль оборудован системой ESP, при отказе ABS отключается и ESP, что может быть куда опаснее. Связанно это с тем, что водитель привыкает к помощникам, которые незаметно компенсируют его ошибки. В случае отказа только системы ESP, некоторые системы активной безопасности остаются активными, однако в случае аварийной ситуации умений водителя, лишенного помощника может не хватить и произойдет снос или занос автомобиля.

Как и любая система автомобиля АБС и ESP нуждается в диагностике. Для проверки работоспособности и выявления дефектов применяют сканеры. Они отображают коды неисправностей, позволяют считывать текущие параметры, а так же открывают доступ к некоторым сервисным функциям. Так же сканеры ориентированы только под одну марку автомобиля. В случае использования сканеров и мануалов по ремонту влияние на точность и скорость диагностики имеет квалификация персонала. При использовании технических консультантов скорость и точность диагностики возрастает вместе с затратами. Выходом из данной ситуации может стать экспертная система, которая будет удобна и проста в использовании, что позволит снизить время диагностики и затраты.

Разработанная авторами экспертная система предназначается для стандартного поста диагностики тормозной системы. Пост должен быть оборудован следующими инструментами и оборудованием:

Таблица 1

Механическое:	Диагностическое:
- подъемник (или смотровая яма);	- автомобильный осциллограф;
	- мультиметр;
- набор торцевых ключей;	- персональный компьютер;

Экспертная система призвана заменить работу эксперта на посту диагностики неисправностей тормозной системы и АБС автомобиля.

Существует два поколения экспертных систем. Компьютерные системы, которые могут лишь повторить логический вывод эксперта, принято относить к первому поколению. Здесь знания представлены следующим образом:

а) знаниями системы являются только знания эксперта, опыт накопления знаний не предусматривается;

б) методы представления знаний позволяли описывать лишь статические предметные области;

в) модели представления знаний ориентированы на простые области.

Экспертные системы, относящиеся ко второму поколению, называют партнерскими, или усилителями интеллектуальных способностей человека. Их общими отличительными чертами является умение обучаться и развиваться, т.е. эволюционировать. Представление знаний в экспертных системах второго поколения следующее:

a) используются не поверхностные знания, а более глубинные. Возможно дополнение предметной области;

b) ЭС может решать задачи динамической базы данных предметной области.

Представленный программный продукт был создан то типу экспертной системы первого поколения. Это было необходимо, т.к. создание экспертной системы второго поколения сильно бы повысило стоимость ЭС, а так как диагностика не является интеллектуально сложной задачей эффект не был бы достигнут.

Экспертная система по диагностике ABS и ESP имеет следующую структуру:

- подсистема приобретения знаний - предназначена для добавления в базу знаний новых правил и модификации имеющихся.

- база знаний - это множество фактов и набор правил, полученных от экспертов и введенных из специальной и справочной литературы.;

- подсистема вывода - реализует процесс рассуждений на основе базы знаний и рабочего множества.

- диалоговый процессор - состоит из ряда вопросов с вариантами ответа.

-

Цель ЭС - вывести некоторый заданный факт, который называется целевым утверждением. Работа системы представляет собой последовательность шагов, на каждом из которых из базы выбирается некоторое правило, которое применяется к текущему содержимому рабочего множества. Цикл заканчивается, когда выведено либо опровергнуто целевое утверждение. Цикл работы экспертной системы иначе называется логическим выводом. Логический вывод может происходить многими способами, из которых наиболее распространенные - прямой порядок вывода и обратный порядок вывода. Прямой порядок вывода - от фактов, которые находятся в рабочем множестве, к заключению. Если такое заключение удается найти, то оно заносится в рабочее множество. Прямой вывод часто называют выводом, управляемым данными.

В системах диагностики чаще применяется прямой вывод, в то время как в планирующих системах более эффективным оказывается обратный вывод. В некоторых системах вывод основывается на сочетании обратного и ограниченно- прямого. Такой комбинированный метод получил название циклического. В данном программном продукте применялся прямой порядок вывода.

[1]

Экспертная система была построена на основе модели «графа - дерева». Блок схема алгоритма имеет 3 основных разветвления: диагностика АБС и ESP, а так же диагностика тормозной системы. Диагностика начинается с визуального осмотра и анализа поведения автомобиля в ходе дорожных испытаний. В случае, если после этого дефект не выявлен, система запрашивает данные показаний измерительных приборов без разборки. При необходимости дальнейшей диагностики производится снятие показаний измерительных приборов с разборкой узлов и агрегатов, и делается окончательное заключение о неисправности. В результате прохождения всего теста идет программный анализ ответов пользователя и в конце тестирования высвечивается результат – искомый дефект. Так же в программном продукте есть пособие по диагностике, для облегчения труда слесаря или мастера.

На рисунке 1 представлен пример работы программы. Дефект «окисление контактов от датчиков» может быть выявлен пользователем, отвечающим на вопросы в ходе работы ЭС.

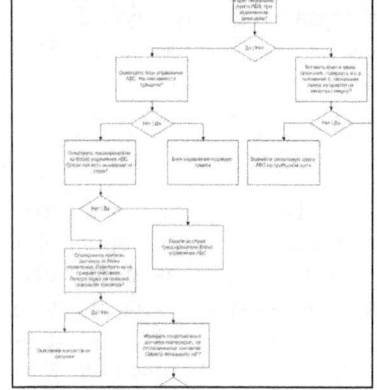
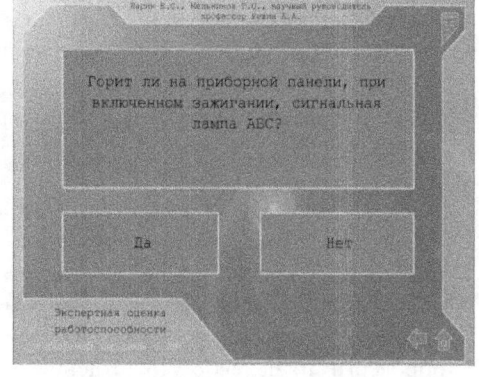

Рисунок 1. Фрагмент алгоритма   Рисунок 2. Интерфейс программы
поиска дефектов

Интерфейс программы (рисунок 2) разработан с учетом удобства работы для пользователя. Система навигации позволяет легко управлять ходом выполнения программы. В результате прохождения всего теста идет программный анализ ответов пользователя и в конце тестирования высвечивается результат – искомый дефект.

Данный программный продукт предназначается для поста диагностики, пользователь – слесарь со средним специальным образованием, с опытом работы не менее 2 месяцев. В настоящее время, при возникновении затруднений у слесаря в ходе диагностики, он вынужден обращаться к техническому консультанту. Время диагностики увеличивается т.к. мастеру необходимо объяснить проблему, и если специалист не может с ходу решить сложность, приходится использовать специальную литературу.

При использовании экспертной системы рабочий обращается к базе знаний программного продукта, и пошагово диагностирует систему. Так же слесарь может использовать пособие по диагностике, встроенного в экспертную систему, где подробно указана методика диагностики, необходимый инструмент и места расположения узлов, агрегатов и разъемов. Это позволит сократить время диагностики.

В перспективе база знаний может охватить все системы автомобиля. В таком случае диагностика может производиться быстро и с довольно высокой точностью без привлечения технических консультантов. Это позволит сократить время, затрачиваемое на диагностику и сократить затраты.

Разработанная нами экспертная система позволяет диагностировать помимо систем ABS и ESP, тормозную систему автомобиля, имеет универсальность, увеличивает точность и скорость диагностики, а так же не требует специальных знаний от пользователя. К недостаткам можно отнести отсутствие альтернативных вариантов диагностики и сложности при диагностике специфических неисправностей. В результате проделанной работы создана таблица возможных дефектов, составлен алгоритм поиска дефекта, разработано программное средство – экспертная система, реализующая данный алгоритм диагностики тормозной системы, АБС и ESP автомобиля.

Литература

1. Дворянкин, А.М. Искусственный интеллект. Базы знаний и экспертные системы : учеб. пособие / А.М. Дворянкин и др. Волгоград : РПК «Политехник», 2002.-140с.
2. Ревин, А. А. Теория эксплуатационных свойств автомобилей и автопоездов с АБС в режиме торможения : монография / А. А. Ревин ; ВолгГТУ . – Волгоград : РПК "Политехник", 2002. – 372 с.

Плетнёв К.В.
аспирант, Вятский государственный гуманитарный университет, г. Киров, Россия

МЕТОД ПАРАМЕТРИЗАЦИИ РЕЧЕВЫХ СИГНАЛОВ ПРОСТЫМИ ЦЕПЯМИ МАРКОВА

Введение

В настоящее время ведется активная работа над повышением уровня «дружелюбия» человеко-машинных интерфейсов. Среди различных подходов к реализации механизмов взаимодействия между человеком и техникой выделяются решения, основанные на автоматизированном распознавании команд (АРК). Вне зависимости от подхода к решению задачи АРК, на эффективность распознавания оказывает влияние метод параметризации, выбранный для представления речевого сигнала в виде набора признаков.

В данной работе решается задача исследования эффективности метода параметризации речевых сигналов, основанного на использовании модели простой цепи Маркова.

Краткое описание метода

Будем полагать, что речевой сигнал, поступающий на вход системы распознавания, представлен последовательностью дискретных отсчетов $s[k]$ в формате импульсно-кодовой модуляции (ИКМ) с равномерным квантованием. Если отсчеты ИКМ-сигнала являются N-разрядными двоичными выборками, каждый отсчет можно описать как линейную комбинацию

$$s[k] = \sum_{b=0}^{N-1} \left(2^b \cdot s_b[k] \right) \tag{1}$$

где $s_b[k] = \overline{0,1}$ – бинарная последовательность, представляющая b-й бит (разряд) сигнала $s[k]$.

Экспериментальные исследования [1] показывают, что корреляционные связи между произвольными дискретными выборками $s[k]$ и $s[k+l]$ речевого сигнала монотонно ослабляются с увеличением интервала. Тогда можно указать некоторый интервал, за пределами которого корреляционные связи практически не распространяются. С учетом этого допущения для описания и анализа, речевых ИКМ сигналов удобно использовать математический аппарат цепей Маркова.

В работе [2] был предложен и исследован метод параметризации речевых сигналов, использующий простую разновидность ИКМ – дельтамодуляцию. Проведенные исследования показали высокую степень зависимости параметров марковской модели ДМ речевых сигналов от параметров ДМ-кодека, что сужает область применимости данного подхода.

Пусть речевой сигнал является дискретным (ИКМ) сигналом с частотой дискретизации 8 кГц и 256-ю уровнями квантования (8 бит). Предположим, что последовательность $s_b[k]$ является простой однородной цепью Маркова с заданной матрицей вероятностей перехода от i-го значения $s_b[i,k]$ в k-ом такте к j-му значению $s_b[j,k+1]$ в $(k+1)$-м такте

$$\pi\left(s_b[j,k+1]\big|s_b[i,k]\right) = \left\|\pi_{ij}\right\| = \begin{Vmatrix} \pi_{11} & \pi_{12} \\ \pi_{21} & \pi_{22} \end{Vmatrix} \quad (2)$$

Элементы π_{ij}, $(i,j=\overline{1,n})$ матрицы вероятностей перехода положительны и удовлетворяют условиям нормировки

$$\sum_{j=1}^{2} \pi_{ij} = 1, \; i,j = \overline{1,2} \quad (3)$$

Условие (3) позволяет описать простую цепь Маркова парой чисел π_{ii} (i=1,2).

Основываясь на вышесказанном, предлагается метод параметризации фрагментов речевых сигналов простой цепью Маркова. На первом этапе, на основе фрагмента речевого вычисляется бинарная последовательность $s_b[k]$. Далее, полученная последовательность разделяется на m перекрывающихся сегментов, с коэффициентом перекрытия h. На финальном этапе для каждого j-го сегмента вычисляются значения π_{ii} (i=1,2) матрицы вероятностей переходов (2). Полученный таким образом вектор размерности $m \times 2$ будет характеризовать фрагмент анализируемого речевого сигнала. Предполагается, что наиболее информативными будут параметры, подсчитанные для 7,6,5 и 4 «старших» битов.

Предложенный метод обладает линейной вычислительной сложностью O(N).

В качестве метода оценки меры близости (расстояния) двух векторов характеризующих фрагменты речевого сигнала применяется метод динамического искажения времени (Dynamic Time Warping, DTW) [3], применяемый в задачах распознавания изолированных слов.

Анализ результатов исследований

Для экспериментов использовалась речевая коллекция, содержащая цифры от 0 до 9, произнесенные одним диктором мужского пола, по пятнадцать вариаций произношения для каждой.

В ходе экспериментов, была подсчитана вероятность распознавания рассматриваемого метода при различном количестве старших бит. Также варьировались следующие параметры: длина сегмента от 50 до 300 дискретных отсчетов, что соответствует 6,25мс и 37,5мс; коэффициент перекрытия *h*: 20%, 25%, 30%.

Определим максимальную вероятность распознавания речевых команд. В эксперименте использовалось различное количество «старших» бит в ИКМ-представлении речевых сигналов (таблица 1).

Таблица 1. Коэффициенты прироста при различном перекрытии

Используемые биты	Максимальная вероятность			Изменение вероятности		
	20%	25%	30%	20%	25%	30%
8	0,9	0,88667	0,9	-	-	-
8,7	0,95333	0,95333	0,96667	0,05333	0,06667	0,06667
8,7,6	0,98667	0,97333	0,98	0,03333	0,02	0,01333
8,7,6,5	0,98667	0,98	0,98	0	0,00667	0

В таблице 1 представлены: 1) вероятность распознавания речевых команд для наилучшей конфигурации значений длины и перекрытия сегментов; 2) изменение вероятности распознавания в зависимости от количества используемых «старших» бит.

Заключение

Полученные результаты позволяют сделать вывод: добавление одного дополнительного бита увеличивает вероятность распознавания на 5-6,7%; дальнейшее увеличение количества дополнительных бит позволяет повысить вероятность распознавания менее чем на 4%, что подтверждает гипотезу о целесообразности использования только трех-четырех старших бит при решении задачи параметризации.

Список использованных источников

1. Венедиктов М.Д. Дельта-модуляция. Теория и применение / Венедиктов М.Д., Женевский Ю.П., Марков В.В. – М.: Связь, 1976. С. 104-114.

2. Плетнев К.В. Параметризация речевых сигналов цепями Маркова [Электронный ресурс] / Плетнев К.В., Прозоров Д.Е. // Advanced Science, 2012. - №1. - С. 19-28.

3. Рабинер Л.Р. Цифровая обработка речевых сигналов / Рабинер Л.Р., Шафер Р.В. Пер. с англ. Под ред. Прохорова Ю.Н. Назарова М.В. – М.: Радио и связь, 1981. – 496 с.

Бурлаченко О.В., Мышлинская И.Х.

ПОВЫШЕНИЕ КАЧЕСТВА ФУНКЦИОНИРОВАНИЯ ВЫСОКОТОЧНОГО ТЕХНОЛОГИЧЕСКОГО ОБОРУДОВАНИЯ

В парах скольжения современного станочного оборудования зачастую встречаются малые (50-100 мм/мин) скорости относительных перемещений. Такие режимы работы характерны для системы привода подачи. В этих условиях имеют место режимы граничного и смешанного трения, имеющие следствием возникновение скачкообразного движения (явления фрикционных автоколебаний).

Наличие данного явления приводит к снижению точности позиционирования, и, как следствие, потере качества функционирования технологического оборудования в целом.

В работе [1] выявлены факторы, влияющие на процесс возникновения фрикционных автоколебаний. В частности установлено, что сглаживанию пиковых значений коэффициента трения, характеризующих возникновение автоколебаний, способствует наложение на систему дополнительных колебаний за счет введения упругого элемента и придания податливости условно неподвижной составляющей пары трения.

Авторами предлагается метод повышения качества функционирования высокоточного технологического оборудования на примере установки «Spectra Physics» модели GTE – 975, применяемой для лазерного упрочнения поверхностей деталей. При реализации технологии избирательной лазерной закалки, разработанной в [2], предъявляются повышенные требования к точности нанесения дорожек лазерной обработки. Необходимо обеспечить точность позиционирования обрабатываемой детали до нескольких микрон. Конструкция установки «Spectra Physics» модели GTE – 975 не позволяет добиваться такой установочной точности.

Для повышения точности позиционирования обрабатываемой детали в систему «привод – ползун – направляющие» лазерной установки были внесены изменения (рис. 1).

Для обеспечения высокой точности перемещений детали применяли передачу «винт – гайка» качения. Витки резьбы ходового винта *5* и гайки при этом имеют винтовые канавки, которые служат дорожками качения для шариков. В соответствии с рекомендациями [2] принимали радиус профиля канавок на 3- 5 % больше радиуса шариков. Замена трения скольжения в резьбе привода на трение качения позволяет снизить коэффициент трения в ней и, как следствие, повысить точность подачи.

Кроме того, в конструкции направляющих *1* применяли накладные пластины *2* из алюминиевой бронзы Бр. А9Ж4. Данные пластины имеют возможность ограниченного перемещения в тангенциальном направлении за счет применения пакета упругих колец *3*, расположенных в пазах направляющих и накладных пластин. Упругие кольца предназначены, с одной стороны, для гашения вибраций, возникающих в динамической системе, а с другой – для снижения коэффициента трения в сопряжении ползун – направляющая.

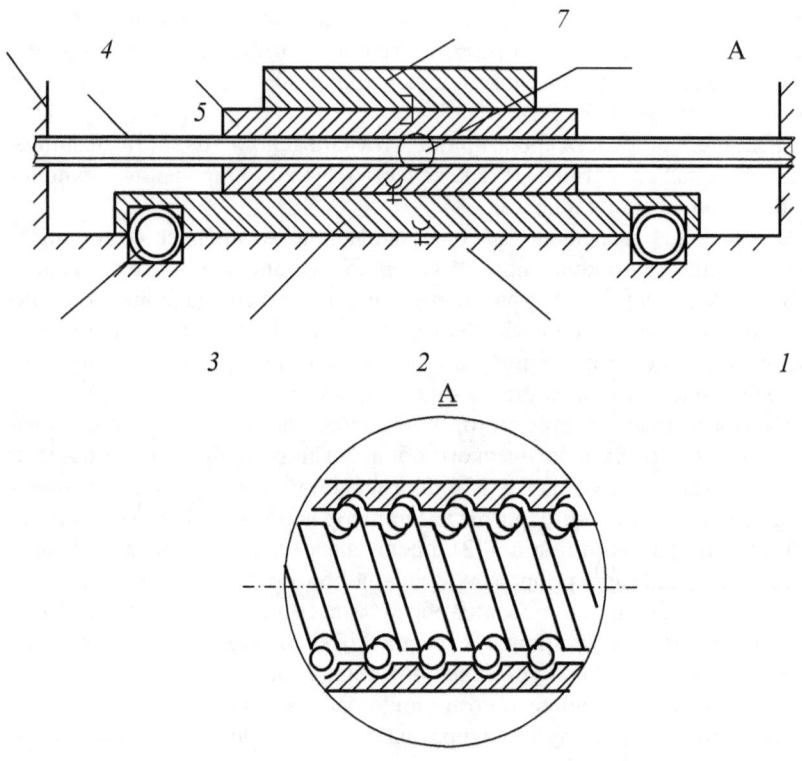

Рис. 1. Принципиальная схема системы «привод – ползун – деталь» модифицированной лазерной установки: *1* – направляющая, *2* – накладная пластина, *3* – пакет упругих колец, *4* – станина, *5* – ходовой винт, *6* – ползун, *7* – обрабатываемый образец, — жесткие связи, —связи, предполагающие возможность тангенциального перемещения

Исследования показали, что применение данного технического решения позволяет обеспечить точность позиционирования обрабатываемой детали до 5 мкм.

Литература:

1. Бурлаченко О.В., Алехин А.Г. Моделирование фрикционных пар станочного оборудования при малых скоростях скольжения//Изв. вузов. Машиностроение. 2002. – №4. С. 18 – 23.

2. Бурлаченко О.В., Сердобинцев Ю. П., Схиртладзе А. Г. Применение лазерной закалки поверхностей для повышения сдвигоустойчивости неподвижных соединений//Ремонт, восстановление, модернизация. 2008. - N 9. – С. 25-28. - Библиогр.: с. 28 (5 назв.).

Мышлинская И.Х., Бурлаченко О.В.

ПЕРСПЕКТИВЫ ИСПОЛЬЗОВАНИЯ МНОГОЦЕЛЕВОЙ ТЕХНИКИ В УСЛОВИЯХ АРКТИКИ

Экологический ущерб национальному Заполярью, наносимый многолетним разбросом емкостей (бочек, резервуаров) с углеводородами в форме горючесмазочных материалов ГСМ - актуальнейшая проблема, для решения которой требуются значительные интеллектуальные, материальные и временные затраты.

Экология страны в эпоху развития техники, социальных и промышленных объектов требует ужесточения законодательства, как основы безотходного содержания всех сфер деятельности человечества. Без глубокой проработки последствий существующих и проектируемых производств или сфер функционирования приводит к громадным затратам, а зачастую и к весьма затруднительным исправлениям, ранее не продуманных решений на перспективу.

Например, раннее созданный каскад ГЭС на Волге с попутными морями: Куйбышевским, Саратовским, Волгоградским с течением времени тоже создали проблему очистки их вредных данных отложений, не прогнозируемых при проектировании. Уменьшение объемов полезной воды, ухудшение качества питьевой воды во времени теперь требует колоссальных затрат на восстановление проектных показателей этой системы.

Громадный разброс нефтепродуктов по всей территории Заполярья, (разрушенные емкости, размывы и утечки ГСМ на лед и в воду, с изменением их состава и свойств во времени). Также представляет собой значительную экономическую проблему. Металлические емкости подвержены атмосферной коррозии, снеговым заносам, вмерзанию в ледовый покров.

Утилизация остатков ГСМ и тары из-под них, зачистка территории, загрязненных вод (снега и льда) требует комплексного подхода к решению указанной проблемы. С использованием многоцелевой техники и технологий [1], чтобы сбор ранее использованных ГСМ, тары из под них не требовал транспорта на материк и повторного завоза их в Арктику.

Изменение геометрии гусеничного устройства дает возможность СБ самопередвижения на суше и мелководье, с выходом на лед.

Из-за большой площади платформы (150-400 м^2) и высокой грузоподъемности (1000-1500 т) есть возможность разместить здесь крановые, хозяйственные и бытовые элементы, исходя из конкретных условий работы.

Как видно из приведенных материалов, самоходная база (СБ) представляет собой комплекс известных устройств, скомпонованных для особых условий работы, с высокой плавучестью и с гусеничным ходом большой тяги.

Предложенные особенности позволяют выполнять монтаж СБ на суше с последующим его самопередвижением на воду до 7-10 м глубиной и выходом из воды по необходимости. При глубине водоемов более 7 м СБ буксируется как обычный плот или медленно передвигается за счет вращения гусеничных траков.

СБ может служить эллингом для воздушных аппаратов и надежным доком для маломерных дежурных и аварийных катеров, лодок и т.п., имея запас расходных материалов напалубного складирования и с боковой швартовкой.

Многочисленные понтоны, простота выполнения строительно-монтажных работ, автоматизация состояния элементов в целом позволяет получить здесь высокую надежность и экономичность средств и времени, используя принцип «тяни-толкай» с большой переменой клиренса, что позволяет увеличивать его подъемную силу на воде.

Согласно Рис.1, СБ имеет трубные или сварные облегченные понтоны 1 ø 1500-200 в количестве 4-6 штук, длиной ~ 100-200 м, собранные в общий плот 2 с просветами между понтонами 1,5-2 м, чтобы иметь многокорпусный «Катамаран».

На плоту установлены 2-4 гусеничных трактора 3, которые приводят в действие модернизированные гусеничные устройства 4 (4-8 шт.) и электрогенераторы 5.

Комплексное применение многоцелевой и многофункциональной техники и технологий в условиях Арктики, выбор методов выполнения, а также средств решения указанной ПРОБЛЕМЫ дают следующие результаты:

- Сбор ГСМ на большой территории разброса, оперативная переработка их на местных и централизованных базах;

- Местная утилизация ГСМ с улучшенными свойствами;

- Подготовка, прессовка остатков использованной тары, вывоз компактных блоков на централизованную переработку в металлургии;

- Дальнейшее поддерживание надежных экологических условий окружающей среды при минимальных объемах сезонного завоза ГСМ, с безотходным использованием;

- Начальная и периодическая зачистка снега, льда, воды и суши от аварийных загрязнений по месту северных работ.

Многофункциональная система может реализовываться с наибольшей экономичностью и экологичностью поэтапно, за счет блочной техники и модульных технологий.

ЭТАП-1. За счет использования беспилотных летательных аппаратов (БЛА) или комбинированных дирижабль - самолет-вертолет (ДСВ) [4]. На географической карте определяются нахождения предметов утилизации, путей подхода транспортных средств с учетом ледовой обстановки, торосов, глубины снежного покрова и т.п. Необходимо учитывать многообразие состояния покрытия территории Заполярья, где требуются высоконадежные воздушные суда с круговым обзором, способные работать на любых высотах, без аэродромного обслуживания, подобные «летающим тарелкам» [4].

ЭТАП-2. Сбор тары и ГСМ с картированных точек требует многообразной техники и высококвалифицированных специалистов, тогда как нами предложена самоходная база СБ [3], совмещающая в себе выполнение многих функций, рис.1.

ЭТАП-3. рассортировку ГСМ различных составов и состояния в разрушающейся таре наиболее надежно вести в закрытом помещении с регулируемой температурой и вентиляцией при любом состоянии окружающей среды в Арктике с учетом изображения [5] «Способ сбора нефти и газа из подводных аварийно фонтанирующих скважин». В качестве производственного цеха может быть применён стандартный резервуар вертикальный стальной (РВС) емкостью от 1 000 до 50 000 м^3, с учетом заданных технических условий по месту и назначению эксплуатации. В качестве опорной базы РВС наиболее целесообразен ранее рассмотренной СБ или сани, так как при погружении в воду он не тонет и обладает значительной плавучестью за счет Архимедовой силы с переменной глубиной погружения. В таком обогреваемом цехе можно оперировать с ГСМ при оптимальных температурах, заданной вязкости, выполняя рекомендации совокупной химической лаборатории. Газовая фаза облагораживается, например, с применением [2], когда бишофитовый поглотитель вредных примесей является антифризом с точкой замерзания до минус 50° С.

В таких условиях можно вести все виды работ с отходами ГСМ, необходимое время и в комфортных условиях, даже в Арктике.

Разделение отходов ГСМ по их паспортным характеристикам позволяет ожидать малое количество стандартных нефтепродуктов, а остальное количество жидких углеводородов придется переводить в низкосортное топливо и примитивную смазку пар трения [6]. А загрязненную воду (снег, лед) собирать в отдельную линию утилизации [6].

ЭТАП-4. При обработке отходов ГСМ необходимо работать с получением индивидуальных видов углеводородов. Так, возможно выделение метанового газа с необходимостью его очистки от вредных примесей [2], чтобы экологически безвредно использовать в качестве топлива в тепловых устройствах различного назначения [1].

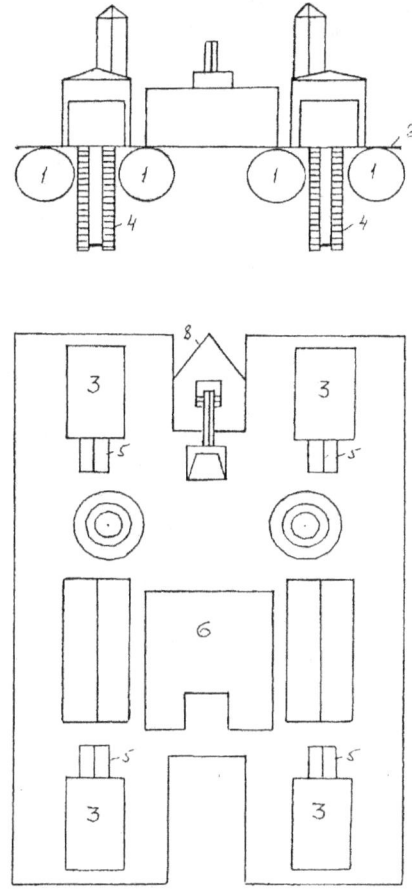

Рис.1. Эскиз самоходной базы «вода-суша»

Сущность портативной очистной установки газов показана на рис. 2. Здесь мобильный блок А содержит последовательно соединенные линию 1 подвода загрязненного газа, струйный диспергатор 2 с линией 3 для подвода абсорбента, линейный трубный реактор 4, газовый сепаратор 5, фильтро-емкость 6 и емкость 7 для абсорбента. Нижний выход емкости 7 для абсорбента соединен с линией 3 для подвода абсорбента в струйный диспергатор 2. Блок А дополнительно содержит емкость 8 для сбора газового конденсата в сепаратор 5. Линейный трубный реактор 4 содержит подогреватель 9.

Блок А является мобильным, так как он установлен на платформе 10 с санями.

Очищенный газ удаляется из верхнего выхода газового сепаратора 5 по линии 11 подачи газа потребителю.

Отработанный загрязненный абсорбент из нижнего выхода газового сепаратора 5 удаляется по линии 12 в регенератор или поступает по линии 13 в фильтр-емкость, где очищается от вредных примесей, и далее по линии 14 в емкость 7 для очищенного абсорбента. Газовый конденсат через средний выход 15 газового сепаратора 5 поступает в емкость 8 для его сбора, из которой периодически удаляется потребителю.

Мобильный блок Б содержит линию 16 подвода загрязненного абсорбента, последовательно соединенные струйный диспергатор 17 с патрубком 18 подвода атмосферного воздуха, линейный трубный реактор 19, фильтр 20 с патрубком 21 вывода серной пульпы, емкость-отстойник 22 и насос 23. При этом линия 16 подвода загрязненного абсорбента подключена к патрубку 24 емкости-отстойника 23 и к всасывающей линии 25 насоса 23, нагнетательная линия 16 которого соединена со входом 27 струйного диспергатора 17. Блок Б дополнительно содержит буферную емкость 28 для загрязненного абсорбента, которая подключена трубопроводом 29 к линии 16 подвода загрязненного абсорбента, и трубопроводом 30 к струйному диспергатору, и накопитель 31 серной пульпы, который подключен к патрубку 21 вывода серной пульпы из фильтра 20.

Блок Б является мобильным, так как он установлен на платформе 32 с санями для любого вида транспорта.

Линейный трубный реактор 4 соединен трубопроводом 33 с фильтром 20 и содержит нагреватель 34.

Раздельное размещение и использование блоков А и Б исключает возможность образования взрывоопасной смеси.

В жёстких условиях Арктики отходы ГСМ в качестве дизтоплива, печного топлива могут использоваться только за счёт создания топливных смесей, без вывоза на НПЗ материка.

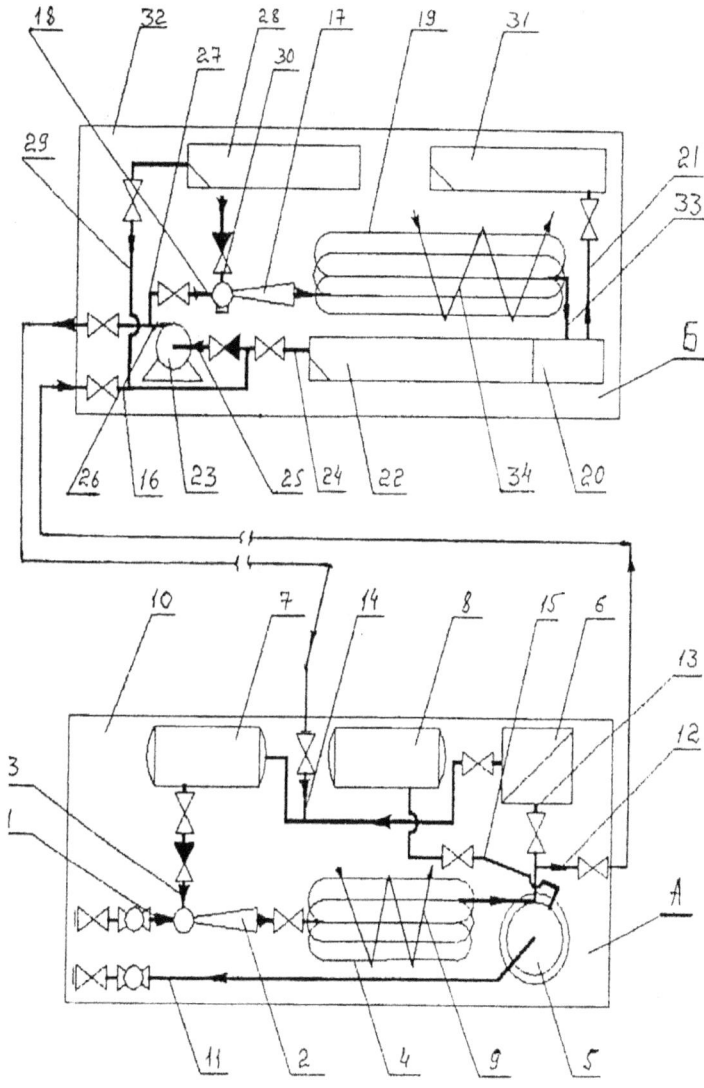

Рис.2. Принципиальная схема портативной очистной установки газов на бишофитовом поглотителе вредных примесей.

Однако, эффективность предложенной схемы, можно повысить за счет изобретения [6], когда гидравлический удар в жидкости впервые предлагается использовать для управляемого изменения реологических показателей. Способ изменения состава и свойств жидких углеводородов и устройство для его осуществления представлен на рис. 3.

Устройство содержит поршневой двигатель внутреннего сгорания с коленчатым валом 1 и кивошипно-шатуным механизмом 2, совмещенные с двигателем две секции плунжерного насоса, каждая из которых включает корпус 3 с впускными клапанами 4 и 5 и выпускными клапанами 6 и 7. В цилиндре 8 двигателя размещена свеча 9 в камере 10 микровзрывного сгорания топлива над поршнем 11 диаметром D, выполненного объединено с плунжером 12 диаметром d, которые посредством стержня 13 и шарнира 14 соединены с шатуном 15, а плунжер 12 размещен в цилиндре 16, емкость 17 для хранения жидких углеводородов с впускной трубой 18 и выпускной трубой 19 и имеет возможность переключать работу насоса с прямоточного потока в емкость 17 на циркулирующий поток по трубам и секциям насоса.

Устройство работает следующим образом: в положении А (рабочий ход поршень И - плунжер 12) после поступления горючей смеси через впускной клапан 4 и вспышки (взрыва) ее от свечи 9 топливовоздушной смеси камеры 10 поршень 11 под давлением Р1 газов движет плунжер 12 для гидравлического удара с давлением Руд на жидкие углеводороды, поступившие через впускной клапан 5 в нижний цилиндр 16.

Эффект силового удара на углеводороды велик, тем более с учетом влияния подъема температуры при ударах. При этом температуру углеводородов можно экономично регулировать в диапазоне 100÷250°С, нагревая или охлаждая углеводороды в общем устройстве.

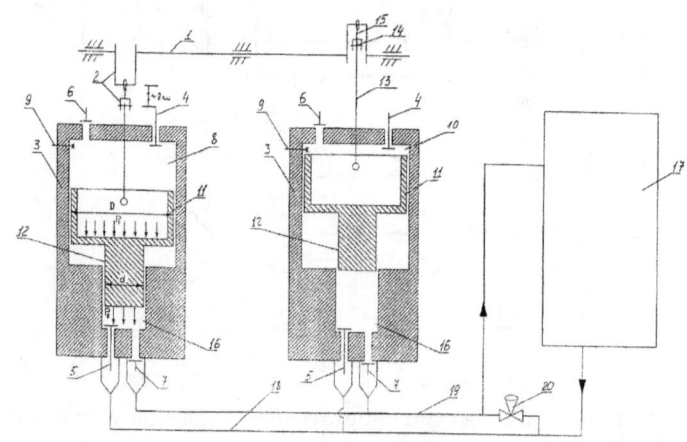

Рис. 3. Принципиальная схема устройства для перевода гидравлических ударов в изменение реологических свойств жидкости.

В положении В (холостой ход поршня 11 и плунжера 12) нагнетается топливовоздушная смесь в камеру 10 через выпускной клапан 6. Плунжер 12 поднимаясь, освобождает цилиндр 16 для поступления загрязненных углеводородов. Свеча 9 готова к повторной вспышке топливовоздушной смеси. Наличие регулятора 20 позволяет автоматически переключить подачу углеводородов с прямоточного на циркуляционный вариант для управляемого изменения состава и свойств углеводородов, зависящих от частоты гидравлических ударов и температуры.

Изобретение позволяет повысить экономичность, экологичность и техническую надежность облагораживания состава и свойств жидких углеводородов в форме отработанных масел, загрязненных нефтей и нефтешамов, которые отравляют окружающую среду.

ЭТАП-5. Так как тара, в которой поставлялись легкотекучие углеводороды или высоковязкие смазки стальные бочки (реже малые горизонтальные резервуары), при длительном хранении в основном значительно разрушены коррозией, то она не пригодна к повторному использованию и по экологическим требования подлежит срочной утилизации. Наибольшей экономии можно достичь, если после освобождения от остатков горючих сред, прессовать остатки тары в компактные пластины и в форме малогабаритных брикетов отправлять на традиционную переплавку в металлургических печах.

При этом наиболее надежным и экологичным транспортным средством без перевалок груза может быть воздушное судно. Изобретение относится к воздушным судам кругового обзора с беспилотным, безаэродромным обслуживанием и автоматическим управлением.

При этом осуществляют постоянное окутывание грузов облаком охлаждённых газов CO_2 из среднего аэростатического модуля, в качестве основного топлива для работы двигателей внутреннего сгорания используют газы частичного испарения перевозимых углеводородов с предварительным их подогревом для полного сжигания горячей горючей газовоздушной смеси, при наличии в резерве стандартного авиационного топлива. Изобретение повышает безопасность транспортировки грузов, выполняя роль крана или базы воздушной электростанции за счёт солнца и ветра.

ЭТАП-6. Сбор и плавание загрязнённого снега, льда и очистка вод возможны совместно в условиях (ЭТАП-4) с получением топлива на местные нужды.

Проведение разнообразных работ по специфическим технологиям требуют различной техники, с предварительным выполнением НИОКР и ПНР, используя инновационные системы для физико-географических и климатических условиях Заполярья.

Поэтому рассматриваемую работу можно считать предпроектной.

ЭТАП-7. Зачистка территории от загрязнений возможна совместно с выполнением ЭТАП-6, когда собранный грунт, трактором с навесными сменными агрегатами, проходит промывку от углеводородов и размещение на ранее занимаемое место.

При этом вывоз и привоз свежего грунта не предполагается, материал загрязнений используется для обработки и утилизации, как рассматривалось в ЭТАП-2...,ЭТАП-6.

ЭТАП-8. Названные многовариантные работы и многофункциональная техника в системе утилизации ГСМ могут участвовать с использованием самоходных полярных нефтебаз СПН, рис. 4. Такие нефтебазы могут включать два модуля. Модуль 1 - жилой комплекс со всеми необходимыми блоками автономного функционирования и успешно выживать в аварийных ситуациях. Опорноходовой базой модулей 1 и 2 служит СБ.

Модуль 2 производственно-технический комплекс, который при минимальном обслуживании должен обладать высокой надежностью в любых погодных условиях Заполярья.

В целом СПЯ может включать не только модули 1 и 2, но и модуль 3 -передвижной резервуарный парк для накопления и раздачи ГСМ потребителям при отсутствии транспортных коммуникаций с материком, который может периодически сближаться с модулями 1 и 2.

Модуль 1, крыша которого может служить приемной площадкой (эллингом) для причаливания и обслуживания воздушного судна ВС, имеет ветровые и солнечные электрогенераторы 2, 4 с аккумуляторной батареей 6. При этом и ВС позволяет оперативно менять вахту СПН, способствует увеличению грузоподъемности модуля 1 и вырабатывать электроэнергию с больших высот атмосферы с подачей ее на нужды СПН.

Конструктивно модуль 1 включает корпус 7 за счет РВС большой плавучести, разделенный на отсеки: жилые, лабораторные, санитарно --15 бытовые помещения и блок управления СПН. Все перечисленное установлено на самоходный плавучий блок 10, в качестве которого применен ранее показанный СБ.

Переходный тамбур 8 позволяет оперативно обслуживающему персоналу сообщаться между модулями при любой погоде.

Люк 11 в модуле 1 и люк в модуле 2 даёт возможность обмена грузами без выхода из них, использую внутренние шахтные лестницы и лифты.

Модуль 2 (рис. 4) показан в момент применения его и в качестве эллинга для ВСК. Когда корпус 9, в качестве которого принят РВС на базе СБ , при размещении на ледовой поверхности 12, у кромки моря 13.

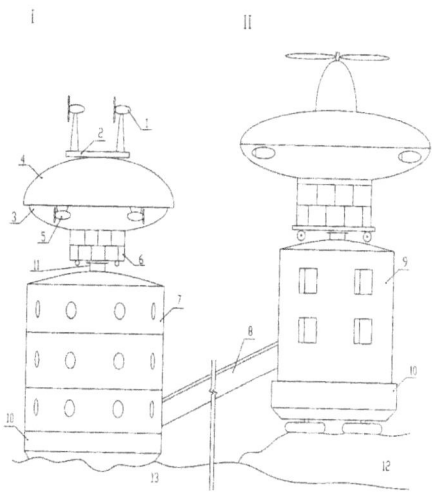

Рис.4. Общий вид самоходной полярной установки

Модуль I – жилой, лабораторный комплекс, эллинг с грузопассажирским воздушным судном ВС;

Модуль II – производственный комплекс, эллинг с грузовым воздушным судном, подъёмным краном ВСК.

Показанные сооружения дают возможность успешно работать в полярных условиях, строго соблюдая руководящие инструкции, постоянно стремясь к 100% выполнению безотходных действий при отсутствии экологического ущерба Заполярью.

ВЫВОДЫ

1. В ближайшие годы самоходные полярные нефтебазы СПН смогут служить ЧИСТИЛЬЩИКАМИ территорий и вод Заполярья, обладая многоцелевыми способностями и многофункциональным назначением.

2. С развитием нефтегазовой отрасли в Арктике СПН может быть оснащена модулем 3 - передвижным (на санях, понтонах) резервуарным парком полной номенклатуры требуемых ГСМ для оперативного обеспечения производственных объектов Заполярья.

3. С началом добычи первых кубометров нефтегазовой продукции северных месторождений воздушные многофункциональные суда ВС, ВСК смогут более широко и оперативно использоваться, в т.ч. и для транспортирования углеводородов, когда другие коммуникации или еще не построены или еще на стадии опробования. В этом периоде источником энергии летающих аппаратов может применяться попутный газ, легкие фракции перевозимой нефти и конденсата.

Все приведенное гарантирует более строгое соблюдение норм охраны и восстановления уязвимой ПРИРОДЫ.

ИСТОЧНИКИ

1. Г.А. Булычев. Многоцелевая техника в нефтегазовом деле: от идеи до серийного производства. ВолгГАСУ, 2009, 204 с.

2. Г.А. Булычев, Ф.Г. Булычев и др. Способ очистки газа от вредных примесей. Патент RU №2907184, 2000.

3. Г.А. Булычев, Ф.Г. Булычев и др. Вездеходное транспортное средство. Изобретение №21172, RU , 2001.

4. Ф.Г. Булычев. Способ воздушного перемещения грузов. Патент RU №2356786, 2007.

5. Г.Р. Булычев. Способ сбора нефти и газа из подводных аварийно фонтанирующих скважин, заявка №2010134745/03, 2010.

6. И.Х. Мышлинская, О.В. Бурлаченко, Г.Р. Булычев. Способ изменения состава и свойств жидких углеводородов и устройство для его осуществления. Заявка на изобретение №2011113951/20, 2011.

П.М. Сорокин
к.т.н., филиал ТюмГНГУ в г.Сургуте
В.А. Лушпеев
к.т.н., филиал ТюмГНГУ в г.Сургуте
lushpeev035@gmail.com

СПОСОБ ЭКСПЛУАТАЦИИ НИЗКОДЕБИТНЫХ НЕФТЯНЫХ СКВАЖИН

Механизированный способ добычи нефти остается основным как в России, так и в зарубежных странах. В 2012 году 72% объема добычи нефти в нашей стране был обеспечен погружными центробежными насосами с электроприводом (УЭЦН). В настоящее время продолжает расти количество скважин, эксплуатируемых УЭЦН.

С другой стороны средний дебит российской нефтяной скважины не превышает 8,4 т/сут. Этот диапазон дебита находится за пределами непрерывной работы УЭЦН (рис. 1) , к тому же существуют недостатки электропогружных установок, являющиеся, зачастую, причиной их отказов (рис. 2).

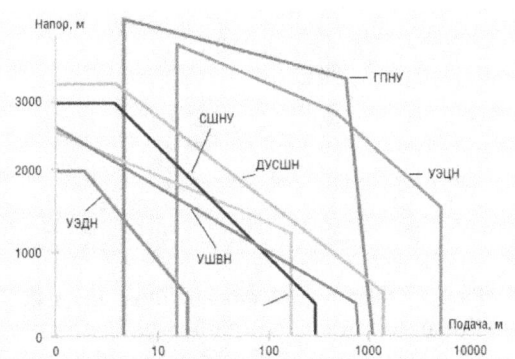

Рис. 1 Области применения механизированных способов добычи нефти

Рис. 2 Причины отказов УЭЦН

В Сургутском институте нефти и газа (филиал ТюмГНГУ) разработана новая конструкция объемного насоса для эксплуатации низкодебитных скважин (рис. 3). Насос предназначен для откачивания жидкости из скважин и имеет электропривод, основанный на использовании электрогидравлического эффекта Юткина [2, 32] для создания возвратно-поступательного движения рабочего органа – сильфона, нижняя часть которого жестко закреплена в корпусе насоса.

При создании внутри объема жидкости специально сформированного импульсного высоковольтного электрического разряда в зоне последнего развиваются сверхвысокие давления, которые можно широко использовать в практических целях. Так, впервые в 1950 г. Л. А. Юткиным был сформулирован предложенный им новый способ трансформации электрической энергии в механическую, названный автором электрогидравлическим эффектом.

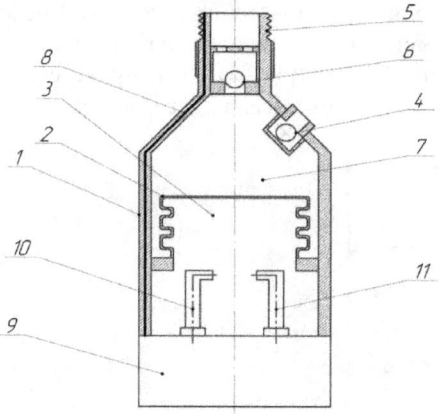

Рис. 3 Конструкция сильфонного насоса:
1-корпус насоса; 2-сильфон металлический; 3-рабочая камера сильфона, заполненная рабочей жидкостью; 4-всасывающий клапан; 5-напорный патрубок насоса с присоединительной резьбой; 6-нагнетательный клапан; 7-рабочая камера насоса, заполняемая перекачиваемой жидкостью; 8-кабельный ввод для подключения внешнего источника тока; 9-преобразователь напряжения с системой управления частотой и амплитудой электрических импульсов; 10 и 11- электроды.

Насос работает следующим образом (см. рис. 4):

Вследствие циклических электрических разрядов, накопленных в конденсаторе, в рабочей жидкости, между электродами образуется плазменная зона (2) и затем в этой зоне практически мгновенно возникает парогазовая полость (1) высокого давления, с энергией в десятки раз больше, чем потраченная на электрический разряд в ней. Эта выделенная в процессе электрической молнии и ЭГД-удара энергия давления пара приводит к волнам высокого давления в жидкости и перемещению (вытягиванию) сильфона. В рабочей камере насоса происходит цикл нагнетания откачиваемой жидкости через открывшийся нагнетательный клапан.

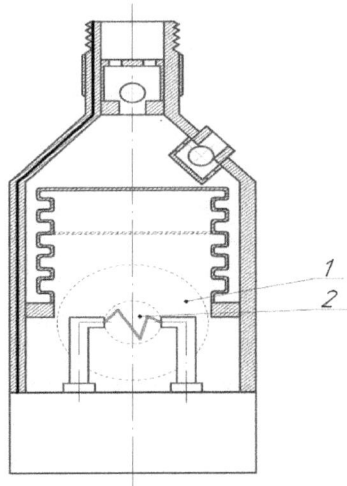

Рис. 4 Принцип работы сильфонного насоса с электрогидравлическим приводом: 1-парогазовая полость; 2-плазменная зона

После каждого импульсного электрического разряда вследствие интенсивного схлопывания кавитацонных пузырьков, объем жидкости уменьшается, сильфон возвращается в первоначальной положение (сжимается) и происходит цикл всасывания через открывшийся всасывающий клапан, при закрытом нагнетательном клапане.

Цикличность работы насоса регулируют частотой импульсов напряжения, их амплитудой и длительностью импульсов.

За основу расчетов взяты параметры пласта БС$_1$ Быстринского нефтегазового месторождения в Западной Сибири.

Расчетный дебит составляет Q =10 т/сут;

Давление, развиваемое насосом: Р$_{насоса}$= 8,9 МПа;

Емкость конденсатора C=992,4 мкФ;

Мощность, потребляемая насосом N$_э$=2,6 кВт;

Диаметр сильфона: 70мм;

Удлинение сильфона: 10мм;

Общая длина насоса – 1м;

Преимущества предложенной установки:

• Небольшие габариты значительно облегчают их применение в искривленных скважинах;

- Возможность использовать в скважинах с низким дебитом (10 т/сут);
- Отсутствие трущихся деталей и неметаллических материалов позволяет перекачивать жидкости с содержанием мехпримесей;
- Возможность плавной регулировки производительности насоса;
- При прохождении электрического заряда тепловая энергия через металлический сильфон передается перекачиваемой жидкости;

Внедрение предлагаемой установки позволит предотвратить такие характерные отказы УЭЦН (рис.2), как например:
- Засорение УЭЦН – 15%;
- Работа УЭЦН в интервале повышенной кривизны – 3%;
- Работа ЭЦН на срыве – 15%.

Предлагаемая схема установки легко вписывается в структуру интеллектуальной скважины, т.к. позволяет плавно регулировать подачу насоса и наличие электрического канала связи (кабельная линия) создает информационный канал для датчиков давления, температуры, вибрации и т.д.

ЛИТЕРАТУРА

1. Ивановский В.Н. Энергетика эксплуатации скважин механизированными способами, выбор способа эксплуатации, пути повышения энергоэффективности// Повышение энергоэффективности добычи нефти,- 2010,№ 3, с 3-16.
2. Юткин Л.А. Электрогидравлический эффект и его применение в промышленности. Л.: Машиностроение, ленингр. отд., 1986, 253
3. Юткин Л.А. Электрогидравлический эффект. М.; Л.: Машгиз, 1955, 52 с.

А.С. Луканин[1], Н.Б. Мельник[2]

[1] Академик НААН , д.т.н., профессор, Заведующий Лаборатории мониторинга сырьевых ресурсув для виноделия Института агроэкологии и природопользования НААН

alexslukanin@mail.ru

[2] Аспирант, научный сотрудник Лаборатории мониторинга сырьевых ресурсув для виноделия Института агроэкологии и природопользования НААН

l-msr-w@mail.ru

ТЕХНОЛОГИЧЕСКАЯ ОЦЕНКА СОРТОВ ЯБЛОК ИЗ РАЗНЫХ ЗОН УКРАИНЫ И ИХ ПРИГОДНОСТЬ ПРИ ПРОИЗВОДСТВЕ ПЛОДОВЫХ ДИСТИЛЛЯТОВ

В Украине отсутствует классификация сырья для производства плодовых дистиллятов. Само же производство плодово-ягодных вин и напитков в Украине сократилось к минимуму, после 1986 г., что было одной из причин уменьшения площадей выращивания плодово-ягодных насаждений [6].

С целью возрождения в Украине производства сидров и крепких плодово-ягодных напитков – дистиллятов необходимо провести технологическую оценку сырьевых ресурсов плодов и разработать их классификацию по физико-химическим показателям и географическим местам происхождения [2,3,4,5].

В 2011 г. проведена технологическая оценка 28 сортов яблок, которые выращивают в разных регионах Украины на их пригодность при производстве яблочных дистиллятов и кальвадосов согласно требований международной классификации яблок (табл. 1), а также исследования влияния агроэкологических условий выращивания яблони, на химический состав плодов. Исследовано 5 сортов яблок, которые выращивают в Черновицкой области (г. Сокиряны) – Зона 1 и 8 сортов яблок, которые выращивают в двух садовых хозяйствах Винницкой области (с. Жорныще Иллинецкого района – Зона 2 и с. Шура Копиевска Тульчинского района – Зона 3) а также 20 сортов яблок, – из Сумской области (с. Малый Самбир, Конотопский р-н, Сумская опытная станция садоводства Института садоводства НААН) – Зона 4.

В результате исследований химического состава яблочного сусла (табл.1 и табл.2) установлено, что подавляющее большинство исследованных сортов яблок характеризуется средними значениями основных биохимических показателей: по массовой концентрации сахаров – 10,2-11,4 г/100 см^3, кислот – 3,7 - 5,7 г/дм^3 и фенольных веществ – 0,9-1,1 г/дм^3. Доказано, что из проанализированных 20 сортов яблок по физико – химическими показателями, в частности содержимым сахаров и фенольных веществ, только три (Теремок, Алеся, Эдера) отвечают требованиям и могут быть использованными для производства плодовых дистиллятов[1,2].

Отличались от общей массы сортов такие: среди сортов яблок из Подолья - сорт Бойкен характеризовался высокой концентрацией сахаров ($10,8$-$10,3$ г/100 см^3) и повышенным содержимым кислот ($10,3$-$13,7$ г/дм^3), что есть положительным для использования в производстве дистиллятов через значительную возможность эфирообразования, чем обеспечивается образование ароматического комплекса спиртов. Сорта яблок Спартан, Чемпион, наоборот, отличались очень низким содержанием органических кислот ($3,4$-$3,6$ г/дм^3). Среди сортов яблок из Сумской обл. высокое содержание органических кислот исследовано в сортах - Сапфир ($8,2$) и Радогость ($7,4$), низкое - Флорина, Заславское и Амулет.

Исследованные сорта яблок были распределены на типы и группы в соответствии с требованиями международной классификации яблок.

Исследование влияния агроэкологических условий выращивание яблони на химический состав плодов проводили на основе сравнительной характеристики химического состава сортов яблок, а также грунтов и характеристики климата зон выращивания плодов.

Одной из характерных особенностей химического состава сортов яблок урожая 2011 г. во всех регионах отбора плодов есть то, что они отличались высокой концентрацией показателей биохимического состава с точки зрения пригодности для дальнейшей переработки. Поскольку такая ситуация характерная для всех зон исследований плодов то основная причина этого состоит в отличиях климатических условий года от других лет и их пригодность к физиологическим особенностям культивирования яблони. К ним можно отнести, в частности, довольно значительное количество осадков в первой половине года (май-июнь - период формирование плодов) и сухую и жаркую погоду во второй половине лета и осенью (июль-октябрь - период накопление плодов и созревание).

Таким образом, в результате технологической оценки сортов яблок, которые выращивают в Черновицкой, Винницкой и Сумской областях, относительно пригодности для производства сидра, было установлено, что в соответствии с требованиями международной классификации сидровых яблок (табл. 1), исследованные сорта яблок относятся к кислому и сладкому типам (характеризуются массовой концентрацией фенольных веществ меньше $2,0$ г/дм^3 и ни одни не отвечает требованиям к специальным техническим сидровым сортам яблок, которые в странах мира также есть сырьем и для производства кальвадоса.

По результатам исследованных сортов при использовании в производстве яблочных дистиллятов (кальвадосов) в регионах Винницкой и Черновицкой областей рекомендованы сорта Бойкен, Айдаред и в Сумской обл. - Теремок, Аскольд и Радогость.

По результатам дегустационной оценки методом одориметрии было определено, что сорта Чемпион и Айдаред с Черновицкой обл. пгт. Сокиряни имели наименьшую силу аромата, сорт Спартан показал ярко выраженный аромат яблок без посторонних примесей.

Все сорта из зоны 2 (с.Жорнище, Иллинецкий р-н, Винницкая обл.) характеризовались насыщенным ароматом и освежающей кислотностью во вкусе, в особенности следует отметить сорт Джонатан (насыщенный аромат яблока) и Бойкен (насыщенный аромат и приятная кислотность вкуса, который есть важным фактором для производства плодовых дистиллятов).

При дегустационной оценке сортов из зоны 3 (с. Шура Копиивска, Тульчинський р-н, Винницкая обл.) сорта Бойкен, Снежный кальвиль, Айдаред - имели слабый аромат, а сорта Монтуанское и Джонатан характеризовались повышенным ароматом, который положительно влияет на образование аромата напитка при производстве плодовых дистиллятов.

Сорта яблок из Сумской области: Алеся и Радогость имели наибольшую силу аромата.

Таким образом, при производстве плодовых дистиллятов, для образования стойкого ароматического комплекса рекомендованы сорта, которые имеют наибольшую силу аромата в разных зонах выращивания. Зона 1 - Спартан, Зона 2 - Джонатан, Бойкен, Зона 3 - Джонатан, Монтуанское, Зона 4 - Алеся , Радогость.

Список использованных источников:

1.   Шобингер У. и др. Плодово-ягодные и овощные соки. Технология, химия, микробиология, аналитика, значение, законодательство / Под ред. А.Н.Самсоновой. – М.: Легкая и пищ. пром-сть, 1982. – 472 с.

2.   Boré J.M. et Fleckinger J. Pommiers à cidre vqriétés de Frfance/ INRA, Paris. - 1977. - 771 p.

3.   Е.С. Дрбоглав, А.А. Попов. Производство кальвадоса. – М.: ЦНИИТЭИ – пищепром, 1974. – 32 с.

4.   Тохмахчи Н.С., Шеин А.Е., Гейко И.И. Об особенностях дистилляции яблочного вина. – «Садоводство, виноградарство и виноделие Молдавии», 1969, №9.

5.   Луканін О.С., Байлук С.І., Кондратенко Т.Є. Класифікація сортів яблук України для виробництва сидру. – "Вісник аграрної науки". – 2002. – № 9. – С. 74–79.

6.   Литовченко О.М. Концепція розвитку плодово–ягідного виноробства в Україні. – Інститут садівництва НААН. – Київ, 1997. – 29 с.

Щукин Е.Р., [2]Малай Н.В., [3]Шулиманова З.Л.

[1] док. физ.-мат. наук, проф. ОИВТ РАН, Москва, Россия, www.oivtran.ru

[2] док. физ.-мат. наук, проф. , проф. кафедры теоретической и математической физики, НИУ "БелГУ", Белгород, Россия

malay@bsu.edu.ru

[3] док. физ.-мат. наук, доц., зав. кафедрой «Физика и химия», РОАТ МИИТ, Москва, Россия

О НЕКОТОРЫХ ОСОБЕННОСТЯХ МОЛЕКУЛЯРНОГО ТЕПЛООБМЕНА С ГАЗООБРАЗНОЙ СРЕДОЙ СИЛЬНО НАГРЕТОЙ УМЕРЕННО КРУПНОЙ НЕПОДВИЖНОЙ ТВЕРДОЙ СФЕРИЧЕСКОЙ ЧАСТИЦЫ

Большое влияние на распределение температуры в аэрозоле могут оказывать молекулярные тепловые потоки, отводимые от поверхности крупных и умеренно крупных твердых частиц, нагреваемых внутренними источниками тепла, например, электромагнитной природы [1]. Формулы опубликованных работ позволяют непосредственно оценивать молекулярный теплообмен с газообразной средой только сильно нагретых неподвижных крупных, в частности, сферических аэрозольных частиц [2].

Авторами доклада в квазистационарном приближении проведено математическое моделирование, протекающего в однокомпонентном газе с температурой $T_{e\infty}$ и давлением p_∞, процесса молекулярного теплообмена с газообразной средой неподвижной твердой высокотеплопроводной умеренно крупной сферической частицы. Температура поверхности частицы T_p может значительно превышать температуру окружающей среды $T_{e\infty}$. В окрестности частицы, в связи с малыми временами тепловой релаксации, процесс теплообмена протекает квазистационарно. Радиус частицы достаточно мал для того, чтобы можно было пренебречь влиянием гравитационной конвекции на процесс переноса тепла. Коэффициент теплопроводности газа κ_e степенным образом зависит от температуры газа T_e: $\kappa_e = \kappa_{e\infty} t_e^\omega$, где $t_e = T_e / T_{e\infty}$.

При рассмотренных условиях распределение T_e в окрестности частицы описывается граничной задачей (1):

$$\frac{d}{dr} r^2 \kappa_e \frac{dT_e}{dr} = 0, \quad \Delta T_{es} = -c_T \lambda_s \frac{dT_e}{dr}\Big|_{r=R},$$
$$T_{es} = T_e\big|_{r=R}, \quad T_e\big|_{r\to\infty} = T_{e\infty}, \tag{1}$$

где r – радиальная координата, T_{es} - значение у поверхности частицы интерполированной из объёма температуры газа, $\Delta T_{es} = T_p - T_{es}$ - скачок температуры газа у поверхности частицы, c_T - коэффициент скачка температуры , λ - средняя длина свободного пробега молекул газа при температуре T_e. В процессе решения (1) было получено следующее аналитическое выражение для безразмерной температуры t_e :

$$t_e = \left[1 + (R/r)\left(t_{es}^{1+\omega} - 1\right)\right]^{1/(1+\omega)}, \ t_{es} = t_p - \Delta t_{es} \ ,$$

$$\Delta t_{es} = \left(A_1 - \sqrt{A_1^2 - 4A_0A_2}\right)/2A_2 \ , \tag{2}$$

где $\quad \varepsilon = (c_T/(1+\omega))(\lambda_\infty/R) , \ \lambda_\infty = \lambda$ при $T_e = T_{e\infty}$,

$$A_0 = \varepsilon\left(t_p^2 - t_p^{1-\omega}\right), \qquad A_1 = \left[1 + \varepsilon\left(2t_p - (1-\omega)t_p^{-\omega}\right)\right],$$

$$A_2 = \varepsilon\left[2 + \omega(1-\omega)t_p^{-(1+\omega)}\right]/2 \ .$$

Найденное с помощью (2) выражение для молекулярного потока тепла $Q_T^{(M)}$, отводимого от поверхности частицы, равно:

$$Q_T^{(M)} = 4\pi R \kappa_{e\infty} T_{e\infty} f_T^{(M)}, \ f_T^{(M)} = \left(t_{es}^{1+\omega} - 1\right)/(1+\omega) \ . \tag{3}$$

Проведенный с помощью (2), (3)численный анализ, в частности, показал, что увеличение температуры поверхности крупных и умеренно крупных частиц приводит к монотонному возрастанию скачка температуры газа у поверхности. Наибольшие скачки температуры возникают у поверхности умеренно крупных частиц, что может привести к сильному уменьшению молекулярного потока тепла, отводимого от их поверхности. Температуру газа у поверхности крупных частиц можно считать равной температуре поверхности частиц с точностью до 1,5%. Допускаемая при этом при вычислении молекулярных потоков тепла ошибка не превышает 2,5%.

Литература

1. Bennet,U.S. and Rosasco, G.I. (1978) J. Appl. Phys. **49**,N2, 640-647.

2. Shchukin, E.R. (2001) In mathematical Modeling Problems, Methods, Applications(Edited by Uvarova L.A. et.al.) Kluver Academic, Plenum Publishers, New York, 255-267.

[1]Щукин Е.Р., [2]Малай Н.В., [3]Шулиманова З.Л.

[1] док. физ.-мат. наук, проф. ОИВТ РАН, Москва, Россия

www.oivtran.ru

[2]док. физ.-мат. наук, проф. , проф. кафедры теоретической и математической физики, НИУ "БелГУ", Белгород, Россия

malay@bsu.edu.ru

[3]док. физ.-мат. наук, доц., зав. кафедрой «Физика и химия» РОАТ, Москва, Россия

СОВМЕСТНОЕ ВЛИЯНИЕ ФОТОФОРЕТИЧЕСКОГО И БРОУНОВСКОГО МЕХАНИЗМОВ НА ПРОЦЕСС ОСАЖДЕНИЯ АЭРОЗОЛЬНЫХ ЧАСТИЦ В ПЛОСКОПАРАЛЛЕЛЬНОМ ПРЕЦИПИТАТОРЕ

На частицы, находящиеся в поле электромагнитного излучения, действует фотофоретическая сила, которая вызывает их упорядоченное движение, называемое фотофорезом [1;2]. Фотофорез может быть широко использован в практических приложениях, например, при выделении и осаждении аэрозольных наночастиц [3], при селективном разделении частиц по размерам [1], при нанесении покрытий из аэрозольных частиц [2], при тонкой доочистке от вредных аэрозольных частиц небольших объёмов газа [4], что требуется, в частности, при создании стерильных условий в здравоохранении, микробиологической промышленности, точном машиностроении. Все это можно проводить в фотопреципитаторах, например, плоскопараллельных где направленное фотофоретическое движение частиц происходит в поле, например, лазерного излучения. Следует отметить, что на процесс осаждения в фотопреципитаторе микронных и субмикронных частиц, наряду с фотофоретической силой значительное влияние может оказать и броуновская диффузия [1;2].

В статье это показано при математическом моделировании, обусловленного фотофоретическим и броуновским механизмами, процесса осаждения монодисперсных аэрозольных частиц из установившегося ламинарного газового потока, проходящего через плоскопараллельный фотопреципитатор.

Фотопреципитатор расположен вертикально. В потоке во взвешенном состоянии находятся монодисперсные аэрозольные частицы с радиусом R и коэффициентом Броуновской диффузии D_B , которые оседают на поверхностях пластин фотопреципитатора. Фотопреципитатор образован двумя прозрачными для излучения пластинами. Ширина b и длина пластин фотопреципитатора много больше расстояния $H = 2h$ между пластинами. В проходящем через фотопреципитатор газовом потоке концентрация N аэрозольных частиц достаточно мала, чтобы можно было пренебречь влиянием частиц на распределение в потоке газодинамических величин и взаимное движение частиц. Осаждение частиц происходит в зоне полностью развитого ламинарного течения с Пуазейлевским профилем продольной координаты массовой скорости

$$V_z = V_0(1-t^2), \tag{1}$$

где $t = x/h$, $V_0 = 3Q/4h\rho b$; Q - массовый расход газа в канале; ρ - плотность газа.

В фотопреципитаторе, в связи с малой инертностью, величина продольной координаты скорости частиц равна продольной координате массовой скорости газа (1). Поперечная координата скорости частиц равна поперечной координате U_q фотофоретической скорости. Продольные диффузионные числа Пекле частиц в фотопреципитаторе много больше единицы. При этом можно пренебречь продольным Броуновским переносом частиц. В зону полностью развитого течения поступает поток газа с однородно распределенными частицами. Концентрация частиц у стенок фотопреципитатора принимается равной нулю [1]. При рассмотренных выше условиях были получены аналитические выражения для концентрации и коэффициентов осаждения частиц в фотопреципитаторе.

Проведенный с помощью полученных формул численный анализ показал. Что процесс осаждения частиц в фотопреципитаторе носит неаддитивный характер. Характер взаимного влияния фотофоретического и броуновского механизмов на процесс осаждения частиц в фотопреципитаторе определяется величиной параметра $\beta = U_q h/2D_B$. Уже при $\beta \geq 0.2$ поперечное движение частиц, обусловленное действием фотофоретической силы, начинает оказывать заметное влияние на процесс осаждения частиц в канале.

Броуновская диффузия, вызывая перенос частиц в места с их меньшей концентрацией сглаживает профиль распределения концентрации частиц в поперечных сечениях фотопреципитатора, даже в случаях, когда основное влияние на поперечный перенос частиц оказывает фотофоретический механизм. Броуновское сглаживание концентрации частиц в поперечных сечениях замедляет процесс осаждения частиц на поверхностях пластин фотопреципитатора и приводит к увеличению длины той части фотопреципитатора, в которой происходит полное осаждение частиц.

Литература

1. Фукс Н.А. Механика аэрозолей. М.: Изд-во АН СССР. 1955. 352с.

2. К.Спурный, Ч.Йех, О.Шторх. Аэрозоли. М.: Атомиздат. 1964. 360с.

3. Гусев А.И. Наноматериалы, наноструктуры, наноитехнологии. М.:ФИЗМАТЛИТ. 2005.

4. Ужов В.Н., Вальдберг А.Ю., Мягков Б.И., Решидов Н.К. Очистка промышленных газов от пыли. М.: Химия. 1983. 297с.

[1]**Малай Н.В.**, [2]**Щукин Е.Р.**, [3]**Лиманская А.В.**

[1] док. физ.-мат. наук, проф. кафедры теоретической и математической физики , НИУ "БелГУ", Белгород, Россия malay@bsu.edu.ru

[2] док. физ.-мат. наук, проф. ОИВТ РАН, Москва, Россия www.oivtran.ru

[3] аспирант, НИУ "БелГУ", Белгород, Россия

ВЛИЯНИЕ ВНУТРЕННЕГО ТЕПЛОВЫДЕЛЕНИЯ НА ПОВЕДЕНИЕ КРУПНЫХ АЭРОЗЛЬНЫХ ЧАСТИЦ СФЕРИЧЕСКОЙ ФОРМЫ, ВЗВЕШЕННЫХ В НЕИЗОТЕРМИЧЕСКОЙ ГАЗООБРАЗНОЙ СРЕДЕ

В современной науке и технике, в областях химических технологий, охраны окружающей среды и т.д. широко применяют аэродисперсные системы, т.е. системы, состоящие из двух фаз, одна из которых есть частицы, а вторая – газ. Газ, с взвешенными в ней частицами называют аэрозолями. Аэрозольные частицы оказывают значительное влияние на протекание физических и физико–химических процессов различного вида в аэродисперсных системах. Размер частиц в таких системах колеблется в очень широких пределах: от макроскопических до молекулярных.

Одной из основных проблем физики аэродисперсных систем, активно разрабатываемой как в нашей стране, так и за рубежом, является проблема теоретического описания поведения взвешенных в них частиц. Без знания закономерностей этого поведения невозможно математическое моделирование эволюции аэродисперсных систем и решение такого важного вопроса как целенаправленное воздействие на аэрозоли.

На аэрозольные частицы, входящие в состав реальных аэродисперсных систем, могут действовать силы различной природы, вызывающие их упорядоченное движение. Так, например, седиментация происходит в поле гравитационной силы [1,2]. В газообразных средах с неоднородным распределением температуры может возникнуть упорядоченное движение частиц, обусловленное действием сил молекулярного происхождения. Их появление вызвано передачей некомпенсированного импульса частицам молекулами газообразной среды. При этом движение частиц, обусловленное, например, внешним заданным градиентом температуры, называют термофорезом [3,4]. Упорядоченное движение может возникнуть и за счет внутренних источников тепла неоднородно распределенных в объеме частицы.

Наличие источников тепла внутри частицы (появление которых может быть обусловлено, например, протекание объемной химической реакцией, процессом радиоактивного распада вещества частицы, поглощением электромагнитного излучения [4,5] и т.д.) приводит к тому, что их средняя температура поверхности может существенно отличаться от температуры окружающей среды вдали от них. Нагрев поверхности оказывает существенное влияние на теплофизические характеристики окружающей газообразной среды, что влияет на распределение полей скорости, давления в окрестности частицы и в конечном итоге на ее поведение в окружающей газообразной среде. Важно отметить, что контролируя процесс нагрева поверхности частиц, мы может влиять на их упорядоченное движение. Что важно в практических приложениях.

Авторами доклада в квазистационарном приближении проведено теоретическое описание движения твердой аэрозольной частицы сферической формы радиуса R, взвешенную в газе с температурой T_g, плотностью ρ_g, теплопроводностью λ_g и вязкостью μ_g, внутри которой действуют неравномерно распределенные источники тепла мощностью q_p. При описании свойств газообразной среды и частицы рассматривался степенной их вид зависимости от температуры [6]: $\mu_g = \mu_{g\infty} t_g^{\beta}$, $\lambda_g = \lambda_{g\infty} t_g^{\alpha}$, $\lambda_p = \lambda_{p0} t_p^{\gamma}$, где $\mu_{g\infty} = \mu_g(T_{g\infty})$, $\lambda_{g\infty} = \lambda_g(T_{g\infty})$, $\lambda_{p0} = \lambda_p(T_{g\infty})$, $t_k = T_k / T_{g\infty}$, $k = g, p$; $0.5 \le \alpha, \beta \le 1$, $-1 \le \gamma \le 1$. Индексы "g" и "p" здесь и далее относятся к газу и частице соответственно, и индексом "∞" - физические величины, характеризующие газообразную среду в невозмущенном потоке.

Решалась граничная задача (1)-(5), учитывающая уравнения гидродинамики, теплопроводности (1)-(2) и граничные условия (3)-(5)

$$\frac{\partial}{\partial x_i} P_g = \frac{\partial}{\partial x_j} \left\{ \mu_g \left[\frac{\partial U_i^g}{\partial x_j} + \frac{\partial U_j^g}{\partial x_i} - \frac{2}{3} \delta_i^j \frac{\partial U_k^g}{\partial x_k} \right] \right\}, \quad \frac{\partial}{\partial x_k}\left(\rho_g U_k^g\right) = 0, \quad (1)$$

$$div\left(\lambda_g \nabla T_g\right) = 0, \quad n_g = P_g / k T_g, \quad div\left(\lambda_p \nabla T_p\right) = -q_p \quad (2)$$

где x_k –декартовые координаты, ρ_g, n_g –плотность и концентрация молекул газообразной среды, k –постоянная Больцмана.

$$r = R, \quad T_g = T_p, \quad \lambda_g \frac{\partial T_g}{\partial r} = \lambda_p \frac{\partial T_p}{\partial r} + \sigma_0 \sigma_1\left(T_p^4 - T_{g\infty}^4\right), \quad U_r^g = 0,$$

$$U_\theta^g = K_{TS} \frac{\nu_g}{R T_g} \frac{\partial T_g}{\partial \theta}, \quad (3)$$

$$r \to \infty, \quad U_r^g = U_\infty \cos\theta, \quad U_\theta^g = -U_\infty \sin\theta, \quad P_g = P_{g\infty}, \quad (4)$$

$$r \to 0, \quad T_p \ne \infty. \quad (5)$$

Здесь U_r^g и U_θ^g – компоненты массовой скорости газа U_g; K_{TS} – коэффициент теплового скольжения, выражение для которого находится методами кинетической теории газов [3]. σ_0 – постоянная Стефана-Больцмана, σ_1 – интегральная степень черноты.

В граничных условиях (3) на поверхности аэрозольной частицы учтено: равенство температур, непрерывность потоков тепла, условие непроницаемости для нормальной и тепловое скольжение для касательной компонент массовой скорости. На большом расстоянии от частицы ($r \to \infty$) справедливы граничные условия (4), а конечность физических величин, характеризующих частицу при $r \to 0$ учтено в (5).

В процессе решения газодинамических уравнений были получены распределения скорости и температур вне и внутри сферической частицы, что позволило получить аналитические выражения для силы и скорости ее упорядоченного движения при произвольных перепадах температуры в ее окрестности.

Расчеты показали, что сила и скорость нелинейно возрастают с увеличением средней температуры поверхности частицы. В случае малых перепадов температуры между поверхностью частицы и областью вдали от нее наблюдается линейный характер их зависимости, что совпадает с известными результатами, например [5].

Литература:

1. Вальдберг А.Ю., Исянов П.М., Яламов Ю.И. Теоретические основы охраны атмосферного воздуха от загрязнения промышленными аэрозолями. Санкт-Петербург: Нииогаз-фильтр. 1993. 235 с

2. Малай Н.В., Щукин Е.Р., Стукалов А.А., Рязанов К.С. Гравитационное движение равномерно нагретой твердой частицы в газообразной среде // ПМТФ. 2008. № 1. С. 74 – 80

3. В.С. Галоян, Ю.И. Яламов Динамика капель в неоднородных вязких средах. Ереван: Луйс. 1985. 208 с

4. Н.В. Малай, Е.Р. Щукин Фотофоретическое и термодиффузиофоретическое движение нагретых нелетучих аэрозольных частиц //ИФЖ. 1988. Т. 54. № 4. С. 628 – 634

5. Береснев С.А., Кочнева Л.Б. Фактор асимметрии поглощения излучения и фотофорез аэрозолей// Физика атмосферы и океана. 2003. Т. 16. № 2. С. 134-141

6. Бретшнайдер Ст. Свойства газов и жидкостей. Инженерные методы расчета. –М.: Химия, 1966. – 535 с

Богомолова Е.П.
к.ф.-м.н., доцент, НИУ «МЭИ»
bogep@yandex.ru

ВЛИЯНИЕ ПЕРЕМЕННОЙ КРАТНОСТИ КОРНЯ ХАРАКТЕРИСТИЧЕСКОГО УРАВНЕНИЯ НА СПЕКТР КРАЕВОЙ ЗАДАЧИ

Рассматривается задача, для дифференциального уравнения

$$y'' + \rho^2 P(x,\rho)y = 0, \quad x \in [a,b], \quad a < 0 < b, \tag{1}$$

с нулевыми краевыми условиями

$$y(a) = y(b) = 0, \tag{2}$$

где функция $P(x,\rho)$ при больших значениях комплексного спектрального параметра ρ ($|\rho| > R$) допускает представление вида $P(\rho,x) = \sum_{n=0}^{\infty} \rho^{-n} P_n(x)$.

При этом: для каждого n $P_n(x) \in C^2([a,b])$; $P_1(x) < 0$ на $[0,b]$; $P_0(x) < 0$ на $[a,0)$,

$$P_0(x) \equiv 0 \text{ на } [0,b]; \quad \lim_{x \to 0-} P_0(x) = \lim_{x \to 0-} \frac{P_0'(x)}{\sqrt{-P_0(x)}} = 0, \quad \lim_{x \to 0-} \frac{P_0'(x) \pm 2P_1(x)\sqrt{-P_0(x)}}{P_0(x)} = l_{\pm} \neq \infty.$$

Традиционно на коэффициенты уравнения (1) накладываются либо условия, при которых для всех x корни характеристического уравнения $\varphi^2 + P_0(x) = 0$ простые и отличные от нуля, причём аргументы этих корней и их разностей не зависят от x [1]–[4], либо условия, при которых характеристическое уравнение имеет один n – кратный корень [1,5,6].

В задаче (1)–(2) корни характеристического уравнения имеют переменную кратность: на $[a,0)$ это уравнение имеет два различных однократных корня $\varphi_1(x) = \varphi(x) = \sqrt{-P_0(x)} > 0$ и $\varphi_2(x) = -\varphi(x) < 0$, а на $[0,b]$ один двукратный корень $\varphi(x) \equiv 0$, причём $\lim_{x \to 0-} \varphi_1(x) = \lim_{x \to 0-} \varphi_1'(x) = \lim_{x \to 0-} \varphi_2(x) = \lim_{x \to 0-} \varphi_2'(x) = 0$. На $[0,b]$ дополнительное уравнение $\Phi^2 + P_1(x) = 0$, имеет два различных однократных корня $\Phi_1(x) = \Phi(x) = \sqrt{-P_1(x)} > 0$ и $\Phi_2(x) = -\Phi(x) < 0$.

Как доказано в [1], существуют два линейно независимых решения уравнения (1), при достаточно больших по модулю значениях спектрального параметра ρ асимптотически представимых в виде:

на $[a,0)$ $\quad u_i(x,\rho) = \exp\left\{\int_a^x \rho\varphi_i(t)dt\right\} \cdot \left(\eta_{i0}(x) + \frac{\eta_{i1}(x)}{\rho} + O\left(\frac{1}{\rho^2}\right)\right),$

на $[0,b]$ $\quad v_i(x,\rho) = \exp\left\{\int_0^x \sqrt{\rho}\Phi_i(t)dt\right\} \cdot \left(z_{i0}(x) + \frac{z_{i1}(x)}{\sqrt{\rho}} + \frac{z_{i2}(x)}{\rho} + \frac{z_{i3}(x)}{\rho\sqrt{\rho}} + O\left(\frac{1}{\rho^2}\right)\right).$

Здесь и далее выбираем ветвь $\sqrt{1} = 1$, $-\pi \leq \arg\rho \leq \pi$, $i = 1, 2$.

Функции $\eta_{ij}(x)$ и $z_{ij}(x)$ находятся однозначно при подстановке указанных разложений в уравнение (1), если $\eta_{10}(0)=\eta_{20}(0)=z_{10}(0)=z_{20}(0)=1$.

Используя указанные представления, получаем, что фундаментальные решения $y_1(x,\rho)$ и $y_2(x,\rho)$, определяемые условиями

$$y_i(x,\rho)=\begin{cases} u_i(x,\rho), & x\in[a,0) \\ c_{i1}v_1(x,\rho)+c_{i2}v_2(x,\rho), & x\in[0,b] \end{cases}, \qquad \begin{cases} \lim_{x\to 0-}u_i(x,\rho)=c_{i1}v_1(0,\rho)+c_{i2}v_2(0,\rho) \\ \lim_{x\to 0-}u_i'(x,\rho)=c_{i1}v_1'(0,\rho)+c_{i2}v_2'(0,\rho) \end{cases},$$

имеют асимптотические представления вида:

$$y_1(x,\rho)=\begin{cases} \exp\left\{\int_a^x \rho\varphi(t)dt\right\}\cdot\left(\eta_{10}(x)+O\left(\dfrac{1}{\rho}\right)\right), x\in[a,0) \\ \dfrac{e^{\omega\rho}}{2}\left(\exp\left\{\int_0^x \sqrt{\rho}\Phi(t)dt\right\}z_{10}(x)K_2(x)+\exp\left\{-\int_0^x \sqrt{\rho}\Phi(t)dt\right\}z_{20}(x)K_4(x)\right), x\in[0,b] \end{cases},$$

$$y_2(x,\rho)=\begin{cases} \exp\left\{-\int_a^x \rho\varphi(t)dt\right\}\cdot\left(\eta_{20}(x)+O\left(\dfrac{1}{\rho}\right)\right), x\in[a,0) \\ \dfrac{e^{-\omega\rho}}{2}\left(\exp\left\{\int_0^x \sqrt{\rho}\Phi(t)dt\right\}z_{10}(x)K_1(x)+\exp\left\{-\int_0^x \sqrt{\rho}\Phi(t)dt\right\}z_{20}(x)K_3(x)\right), x\in[0,b] \end{cases}.$$

Здесь $\omega=\int_a^0\varphi(x)dx>0$, $\chi=\int_a^b\Phi(x)dx>0$, $\omega_1=\omega$, $\omega_2=-\omega$, $\varphi_1=\chi$, $\varphi_2=-\chi$.

Теорема. Собственные значения задачи (1)–(2) образуют бесконечную последовательность такую, что при достаточно больших по модулю $k\in\mathbf{Z}$ они являются однократными и могут быть представлены в виде $\rho_k=-\dfrac{\pi^2}{\chi^2}\left(k^2+k+\dfrac{1}{4}+\dfrac{\chi\cdot(\widetilde{M}_1(b)-\widetilde{M}_3(b))}{\pi^2}\right)+O\left(\dfrac{1}{k}\right)$,

где $\widetilde{M}_1(x)=M_1+z_{11}(x)z_{10}^{-1}(x)$, $\qquad \widetilde{M}_3(x)=M_3+z_{21}(x)z_{20}^{-1}(x)$,

$M_1=(\eta_{20}'(0)-z_{11}(0)\Phi(0)-z_{10}'(0))\cdot\Phi^{-1}(0)$, $M_3=(-\eta_{20}'(0)-z_{21}(0)\Phi(0)+z_{10}'(0))\cdot\Phi^{-1}(0)$.

Если к тому же $\int_a^0 P_1(t)(-P_0(t))^{-1/2}dt=0$, то существует ещё одна последовательность собственных значений $\rho_k=\dfrac{i\pi k}{\omega}+O\left(\sqrt{|k|^{-1}}\right)$, являющихся однократными при достаточно больших по модулю $k\in\mathbf{Z}$.

Сравним полученный спектр со спектрами изученных ранее задач.

Задачи, исследованные в [2], образованы уравнением $y^{(n)}+l(y)+\rho^n y=0$ и однородными краевыми условиями на отрезке $[a,b]$. Характеристическое уравнение имеет n различных корней. Для регулярных краевых условий найден спектр: в случае $n=2$ $\rho_k=2\pi k\cdot(1+O(k^{-1}))$, спектр — действительный; в случае $n=1$ $\rho_k=-2\pi ki\cdot(1+O(k^{-1}))$ спектр – чисто мнимый.

В [5,6] на отрезке $[0,1]$ рассматривается уравнение второго порядка вида $y'' + (\rho^2 + \rho P(x) + Q(x))y = 0$ с одним постоянным двукратным корнем характеристического уравнения и двумя различными корнями дополнительного уравнения, при этом асимптотические разложения фундаментальных решений по спектральному параметру имеют вид $y_{1,2} = e^{\rho x \pm \mu \sqrt{\rho} x} \cdot (1 + O(\rho^{-1}))$. Получено, что в случае регулярных краевых условий спектр задач расположен вдоль парабол. Если же искать спектр для указанного уравнения, но с нерегулярными условиями (2), то получим $\rho_k = -c_0^2 k^2 + c_1 k + c_2 + c_3 \sqrt{|k|} + O(k^{-1})$, где все c_j – действительные числа.

Мы видим, что одна часть спектра задачи (1)–(2) «похожа» на спектр задачи с кратными корнями характеристического уравнения и так же расположена на отрицательной части действительной оси. Другая часть (в случае выполнения условия $\int_a^0 P_1(t)(-P_0(t))^{-1/2} dt = 0$) «похожа» на спектр задачи для уравнения первого порядка в [2]. Серии собственных значений, лежащие на действительной оси, типичные для задач с различными корнями характеристического уравнения, в рассматриваемом случае «трансформируются» в серию, лежащую только на отрицательной части действительной оси, причём со степенью роста 2 вместо 1.

Литература

1. Тамаркин Я.Д. О некоторых общих задачах теории обыкновенных линейных дифференциальных уравнений и о разложении произвольных функций в ряды. Петроград, 1917.
2. Наймарк М.А. Линейные дифференциальные операторы. – М.: Наука, 1969. 528 с.
3. Расулов М.Л. Метод контурного интеграла и его применение к исследованию задач для дифференциальных уравнений. – М.: Наука, 1964. 464 с.
4. Лидский В.Б., Садовничий В.А. Асимптотические формулы для корней одного класса целых функций // Математический сборник. 1968. Т. 65, № 4. С. 558–566.
5. Печенцов А.С. Асимптотические разложения решений линейных дифференциальных уравнений, содержащих параметр // Дифференциальные уравнения. 1981. т. XVII, № 9. С. 1611–1620.
6. Печенцов А.С. Краевые задачи для дифференциальных уравнений, содержащих параметр, с кратными корнями характеристического уравнения // Дифференциальные уравнения. 1984. т. XX, № 2. С. 263–273.

Первиков А.В.

аспирант, Институт физики прочности и материаловедения СО РАН

pervikov@list.ru

ИССЛЕДОВАНИЕ СТРОЕНИЯ РАСПЛАВА МЕТАЛЛОВ И СПЛАВОВ ПРИ НАГРЕВЕ ИМПУЛЬСОМ ТОКА БОЛЬШОЙ МОЩНОСТИ

В настоящее время наблюдается интенсивное развитие исследований свойств и строения металлических расплавов. Повышенный интерес вызван как запросами практики, так и расширяющимися возможностями теоретического анализа в связи с развитием вычислительной и экспериментальной техники.

Знание атомного упорядочения позволяет глубже раскрыть особенности строения вещества, оценить потенциалы межчастичного взаимодействия, необходимые для расчета свойств.

На данный момент не существует достоверного аналитического описания свойств даже простейших металлических расплавов, что делает необходимым уделять внимание применению различных методов экспериментального изучения. Важная роль в изучении строения расплавов отводится дифракционным методам, а также непрямым методам, основанным на исследовании вязкости и удельного сопротивления [1].

Для исследования строения расплава металлов и сплавов может быть использовано явление электрического взрыва проводника импульсом тока (ЭВП). Отличительной особенностью определения строения расплава по изменению его удельного сопротивления в условиях ЭВП, является малое время нагрева проводника до температуры плавления и его существование в жидкой фазе. Детальное описание явления ЭВП дано в работе [2].

Принципиальная электрическая схема установки для осуществления ЭВП и снятия электрических характеристик процесса представлена на рисунке 1. Источник питания высокого напряжения *ИП* заряжает емкостной накопитель энергии *C* до требуемого напряжения. После коммутации разрядника *Р* накопленная энергия передается на взрываемый проводник *ВП*. Вольтамперные характеристики взрыва регистрируются с помощью датчика тока $R_{ш}$ и датчика напряжения $R_{д1}$-$R_{д2}$. Сигнал с датчиков передается по коаксиальному кабелю РК75 на цифровой осциллограф TDS2022B.

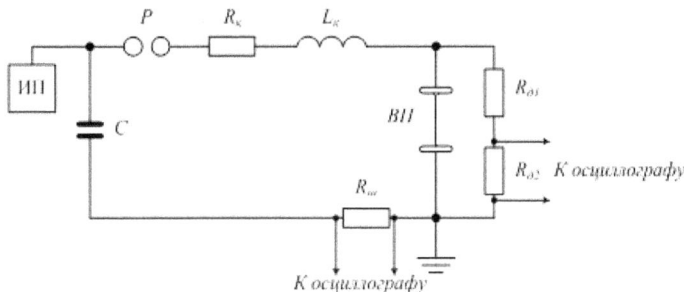

Рис. 1. Принципиальная электрическая схема установки.
$R_к$ и $L_к$ – сопротивление и индуктивность контура.

Прохождение импульса тока по проводнику порождает несколько стадий: медленный нагрев с последующим плавлением $(t \approx 0 - t^*)$ и нагрев жидкой фазы $(t > t^*)$ (рис.2). С момента времени t^{**}, когда значение введенной энергии E меньше энергии сублимации проводника E_s, начинается интенсивное увеличение радиуса проводника, приводящее к его диспергированию к моменту времени t^{***}. Образующиеся продукты ЭВП расширяются в окружающий газ со скоростями порядка нескольких километров в секунду.

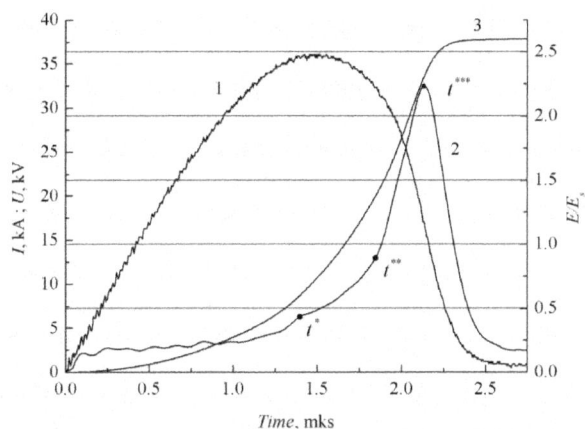

Рис.2. Зависимости электрических и энергетических характеристик при взрыве медного проводника от времени: 1 - осциллограммы тока $I(t)$ и 2 - напряжения $U(t)$; 3 -зависимость отношения введенной в проводник энергии E к энергии сублимации E_s.

При исследовании электрических характеристик ЭВП латуниевого проводника (Л63) для получения наночастиц состава Cu-Zn в работе [3], нами было отмечено, что для изменения удельного сопротивления (ρ) с ростом температуры (T) в узком временном интервале характерно соотношение $d\rho/dT < 0$ (рис.3). Аналогичная зависимость для сплава Л63, находящегося в жидкой фазе была установлена в работе [4] при исследовании зависимости удельного сопротивления от энтальпии при нагреве импульсом тока. По мнению авторов, уменьшение сопротивления с ростом температуры связано с так называемым явлением цинковой пульсации.

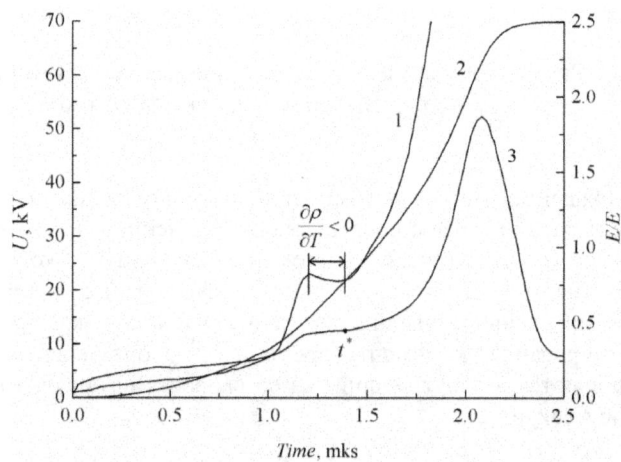

Рис.3. Зависимости электрических и энергетических характеристик при взрыве латунного проводника от времени: 1 – сопротивление проводника $R(t)$, 2 – отношение $E/E_s(t)$, 3 – напряжение $U(t)$.

Однако, явлению уменьшения удельного сопротивления латуниевого проводника с ростом температуры, может быть дано другое объяснение. Как следует из равновесной диаграммы состояния системы Cu–Zn, при содержании Zn равного 37 вес. % и температуре, близкой к температуре плавления, кристаллическая структура сплава соответствует β – фазе. Наиболее вероятно, что структура упаковки атомов подобная кристаллической β – фазе с концентрацией валентных электронов близкой к значению 1,5, сохраняется и в расплаве.

Как было установлено ранее, для ряда бинарных соединений Cu с Al, Zn, Sn наблюдается уменьшение удельного сопротивления с ростом температуры при определенных концентрациях легирующего элемента [5,152]. Было показано, что уменьшение удельного сопротивления обусловлено формированием в расплаве группировок атомов с концентрацией валентных электронов со значением от 1,5 до 1, 75. При таких значениях концентрации валентных электронов, поведение структурного фактора $a(2k_F)$, обуславливающего изменение

Физико-математические науки

сопротивления с ростом температуры, аналогично его поведению в двух валентных металлах, в частности Zn, для которого характерно соотношение $d\rho/dT < 0$ в жидкой фазе [5,131].

Таким образом, изменение сопротивления проводника, находящегося в жидкой фазе при его нагреве импульсом тока с мощностью $\sim 10^7$ Вт может свидетельствовать о структурных переходах в объеме расплава.

Литература

1. Попель С.И., Спиридонов М.А., Жукова Л.А. Атомное упорядочение в расплавленных и аморфных металлах по данным электронографии. Екатеринбург: УГТУ, 1997. – 384 с.

2. Бурцев В. А., Калини Н. В., Лучинский А. В. Электрический взрыв проводников и его применение в электрофизических установках. - М.; Энергоатомиздат, 1990. – 288 с.

3. Первиков А.В., Лернер М.И., Домашенко В.В. // Изв.ВУЗов. Физика. 2012. Т.55. №. 6/2. С. 214 – 217.

4. Канаев Н.А., Лебедев С.В., Савватимский А.И., Степанова Н.В., Фоченков Б.А. // Металлы. 1989. №3. С. 48 – 55.

5. Арсентьев А.П., Коледов Л.А. Металлические расплавы и их свойства. – М.; «Металлургия», – 1976. – 376с.

Ефремов Н.Н.

доктор филологических наук, Россия, Якутск

АНАЛИТИКО-СИНТЕТИЧЕСКИЕ ПОЛИПРЕДИКАТИВНЫЕ КОНСТРУКЦИИ С ПРИЧИННО-СЛЕДСТВЕННЫМ ЗНАЧЕНИЕМ В ЯКУТСКОМ ЯЗЫКЕ

Полипредикативные конструкции (далее – ППК) с причинно-следственным значением по характеру средств связи предикативных компонентов распадаются на синтетические, аналитико-синтетические и аналитические [2]. Предикативные части (компоненты) синтетических ППК сочетаются посредством соположения, изафета, управления и согласования. Аналитико-синтетические ППК структурируют предикативные части при помощи послелогов, аналитические – на основе союзов (скреп) или соположения (бессоюзным способом).

В нашей статье рассматриваются послеложные ППК с указанным синтаксическим значением. Обсуждаемые ППК., в отличие от синтетических, описывают причинно-следственные отношения в более конкретизированном виде.

В образовании данных ППК участвуют следующие послелоги: *иһин, быһыытынан, сибээстээн, сылтаан, сылтанан, аайы, туһуттан, туһугар, сылыктаан, наадаттан, түмүгэр, кэннэ* и др. Ниже описывается семантика некоторых из этих конструкций.

Конструкциями с послелогом *иһин* в зависимости от характера лексико-грамматического наполнения состава предложения описывается значение причинного обоснования или значение санкции – «поощрения или наказания»: *Дьоно истиҥник кэпсэтэллэрин иһин, кыыс чобоотук эппиэттээн барда* [1, 234] дьон=о (люди=POSS.3Sg) истиҥник (доброжелательно) кэпсэт:эл:лэри:н (разговаривать: PFUT: 3Pl: GEN.) иһин (POSTP) кыыс (девочка) чобоотук (смело) эппиэтт:ээн (отвечать: CV) бар=д=а (начать=PAST=3Sg) 'Так как люди разговаривают с ней доброжелательно, девочка начала отвечать смело'; *Баһылай бөрөлөрү өлөрбүтүн иһин ... бириэмийэ ылыахтаах* [234] Баһылай (Василий) бөрө=лөр=ү (волк=Pl=ACC) өлөр=бүт=үн иһин (убить=PP=3Sg.GEN) бириэмийэ (премия) ыл=ыахтаах (получить=MOD.3Sg) 'Василий за то, что уничтожил волков, должен получить премию'.

ППК с *быһыытынан* специализируется в выражении отношения причинного обоснования: *Ыҥырыллыбыт тойоттор бары кэлбиттэрин быһыытынан, сүбэ мунньаҕы аһабын* [1, 235] ыҥыр=ыллы: быт (пригласить=REFL=PRF) тойо:т=тор(господин:Pl=PL) бары (все) кэл=бит=тэр:ин (прибыть=PP=3Pl:GEN) быһыытынан (POSTP: так как) сүбэ мунньаҕ:ы (совещание: ACC) аһ:а=бын (открыть:PFUT=3Sg) 'Так как прибыли все приглашенные господа, открываю совещание'.

Конструкции с *сибээстээн* (<сибээст: ээн связывать:CV) описывают актуализированное значение причинного обоснования: *Онон иккис фронт аһыллыбытынан сибээстээн* (ср. аһыллыбытынан), *сэрии бүтэрэ чугаһаата ини* [1, 235] онон (поэтому) иккис (второй) фронт (фронт) аh:ыллы:быт:ынан (открыть:REFL:PP:INSTR) сибээстээн (POSTP) сэрии (война) бүт=эр=э (закончить=PFUT=POSS.3Sg) чугаһаа=т=а (приблизиться=PAST=3Sg) ини (PRTCL) 'Поэтому в связи с тем, что открылся второй фронт, наверное, скоро закончится война'.

ППК с послелогом *сылтаан* (<сылт:аан иметь повод:CV)'из-за/по причине того, что' специализируются в обозначении причинно-следственной связи и при этом выступают в качестве дополнительных актуализаторов обсуждаемых отношений, поскольку в них, как и в конструкциях с *сибээстээн*, данный послелог может опускаться: *Кыргыттар кыраабыл тиийбэтинэн сылтаан* (ср. тиийбэтинэн), *тохтоло суох олбу-солбу мунньарга быһаардылар* [1, 235] кыргыттар (девушки) кыраабыл (грабли) тиий=бэт:инэн (хватать=NEG.PFUT.3Sg:INSTR) сылтаан (POSTP) тохтоло суох (непрерывно) олбу-солбу (по очереди) мунньарга (сгребать:INF) быһаар=д:ылар (решать=PAST: 3Pl) 'Девушки из-за/по причине того, что не хватало граблей, решили сгребать (сено) без перерыва по очереди'; *Оттон бүтэһиктээх улахан иирсээн, бэҕэһээ Кытаах Арамаан чочу угун тоһутан кэбиспититтэн сылтаан* (ср.: тоһутан кэбиспититтэн), *тахсыбыта* [1, 236] оттон (а) бүтэһиктээх (самый последний) улахан (большой) иирсээн (скандал) бэҕэһээ (вчера) Кытаах (Кытах: прозвище) Арамаан (Роман) чочу (точило) уг:ун (ручка:POSS.3Sg.ACC) тоһу:т:ан (сломать:CAUS:CV) кэбис=пит:иттэн (AUX=PP:3Sg.ABL) сылтаан (POSTP) тахс:ыбыт=а (возникать:PP=3Sg) 'А самый последний скандал возник из-за того, что вчера Кытах Роман сломал ручку точила'.

Предложениями с *сылтанан* (<сылта:н=ан/ иметь повод:PEFL=CV) выражается ложная, мнимая причина: *Доҕоро барбытынан сылтанан, кини бүгүн эрдэ үлэлээн бүттэ* доҕор=о (друг=POSS.3Sg) бар=быт:ынан (уходить=PP:3Sg.INSTR) сылтанан (POSTP) кини (он) бүгүн (сегодня) эрдэ (рано) үлэл:ээн (работать:CV) бүт=т=э (заканчивать=PAST=3Sg) 'Он сегодня рано закончил работать под предлогом того, что ушел его друг'.

Конструкции с послелогом *ааттаан* (< аатт:аан называть:CV) выступают в качестве аналитико-синтетических вариантов структур с показателем орудного падежа и выражают актуализированное (мотивированное) значение причинного обоснования: *Оччолорго иитэр-аһатар киһилэрэ суоһунан ааттаан, Кешаны армияҕа ылбатахтара* [1, 236] оччолорго (тогда) иит=эр-аһат=ар (содержать=PFUT.3Sg кормить=PFUT.3Sg) киһи=лэрэ (человек=POSS.3Pl) суоҕ:унан (нет:3Sg.INSTR) ааттаан (POSTP) Кеша=ны (Кеша= ACC) армия=ҕа (армия=DAT) ыл=батах=тара (брать=NEG.PP=3Pl) 'В то время Кешу не призвали в армию, мотивируя тем, что у них не было другого кормильца'.

ППК с *аайы* (каждый) в зависимости от характера лексико-грамматического наполнения состава предложения выражают синтаксические отношения, осложненные оттенком недостаточного, пренебрежительного причинного основания. При этом главная часть подобных конструкций характеризуется пропозицией отрицательного аспекта: *Хас оҕо-дьахтар ол-бу буоллаҕын аайы, дьыаланы марайдаабатах баҕайыта ини* [1, 236] хас (каждый) оҕо-дьахтар (ребенок и женщина) ол-бу буол=лаҕ:ын (настаивать на своем=PART.IND:3Sg) аайы(POSTP) дьыала=ны (дело=ACC) марайдаа=батах (марать=NEG.PP) баҕайы=та (PRTCL=3Sg) ини (PRTCL) 'Из-за того, что каждый ребенок и женщина настаивают на своем, он, конечно, не будет вычеркивать в списке'.

Конструкциями с *аанньа* описывается причинное-следственное отношение, при котором подчеркивается, что факт (явление), изображающийся зависимой частью, является реальным поводом для совершения действия главной части: *Бадараанныах үлтүркэй тааһы, кэбирэҕин аанньа, балайда дириҥник кэбирэҕэр тииһэ түспүттэрэ* [1, 236] бадараан=наах (грязь=POSSV) үлтүркэй (раздробляющийся на мелкие кусочки) тааһ:ы (камень:ACC) кэбирэҕ: ин (ломкий:3Sg) аанньа (POSTP) балайда дириҥник кытаанаҕ:ар (твердый слой/мерзлота: POSS.3Sg.DAT) тииһэ (POSTP) түс=пүт=тэрэ (вскопать=PP=3Pl) 'Болотистую землю с раздробляющимися, мелкими камнями они вскопали довольно глубоко, до мерзлоты, только потому, она была нетвердая'.

Предложения с *туһуттан* являются структурно-семантическими вариантами моделей ППК причинного обоснования и выражают данное значение в актуализированной форме: *Мин ити эйигин, үөлээннээхтин сөбүлүүрүм туһуттан* (ср. сөбүл:ээн нравиться:CV), *итинник этэбин* мин (я) ити (это) эйигин (тебя) үөлээннээх:пин (сверстник: POSS.3Sg.ACC) сөбүл:үүр=үм (нравиться: PFUT=3Sg) туһуттан (POSTP) итинник (так) эт=э=бин (говорить=PFUT=1Sg) 'Это тебя, своего сверстника, я называю так из-за того, что ты мне нравишься'.

ППК с *түмүгэр* выступает в качестве стилистического варианта синтетических конструкций с деепричастным показателем (=ан): *Бу дьаһаллар олохтоммуттарын түмүгэр* (ср. олохт:он:он=нор основывать: REFL:CV=3Pl), *бастакы курска киирээччилэр ахсааннара сылтан сыл эбиллэн испитэ* бу (это) дьаһал=лар (распоряжение=Pl) олохт:ом:мут:тар:ын (основывать: REFL:PP:3Pl:GEN) түмүгэр (POSTP) бастакы (первый) курс= ка (курс=DAT) киирээччи=лэр (поступающий=Pl) ахсаан=нара (численность=POSTP.3Pl) сыл=тан (год=ABL) сыл (год) эб:илл:эн (прибавить:PASS:CV) ис=пит:э (AUX:PP=3Sg) ''.

Таким образом, рассмотренные послеложные ППК участвуют в выражении более конкретизированных, актуализированных причинно-следственных отношений, нежели синтетические построения. При этом некоторые послелоги (*быhыытынан, сылтаан, сылтанан* и др.) являются специализированными средствами обозначения подобных значений, а отдельные послелоги выступают в качестве факультативных показателей, так как при их опущении из структуры предложения основной смысл ППК не меняется (ср. конструкции с *сибээстээн, ааттаан* и др.).

Условные обозначения

ABL – исходный падеж, ACC – винительный, AUX – вспомогательный глагол, CAUS – побудительный залог, CV – деепричастие, DAT – дательный падеж, GEN – родительный падеж (рудимент), IND – неопределенная форма, INF – неопределенная форма глагола, ISTR – орудный падеж, MOD – долженствовательное наклонение, NEG – отрицательная форма, PART– причастие, PAST – недавнопрошедшее время, PFUT – настояще-будущее время, Pl – множественное число, POSS – изафет, POSSV – имя обладания, POSTP– послелог, PP – причастие прошедшего времени (=быт), PRTCL– частица, PRF – перфект, REFL – возвратный залог, Sg – единственное число.

Литература

1. Грамматика современного якутского литературного языка. Синтаксис. – Новосибирск: Наука, 1995. – 336 с.
2. Ефремов Н.Н. Полипредикативные конструкции в якутском языке. Система, структура, семантика. – Новосибирск: Изд-во СО РАН, 1998. – 196 с.

Жилякова Н.В.
доцент, кандидат филол. наук, Томский государственный университет
retama@yandex.ru

РЕЦЕПЦИЯ РУССКОЙ КЛАССИКИ В СИБИРСКОЙ ПЕРИОДИКЕ И ЕЕ РОЛЬ В ФОРМИРОВАНИИ ОБЩЕРОССИЙСКОГО КУЛЬТУРНОГО ПРОСТРАНСТВА

Исследование выполнено при финансовой поддержке РГНФ, проект № 12-04-00005 (а)

Одной из особенностей сибирской дореволюционной периодики была ее «литературоцентричность», постоянное внимание к творчеству и фактам биографии русских писателей. Н.В. Гоголь, А.С. Пушкин, М.Е. Салтыков-Щедрин, Л.Н. Толстой, А.П. Чехов – эти и другие имена постоянно появлялись на страницах сибирских газет и журналов, выступая средством эстетического воспитания и просвещения читателей, создавая условия формирования регионального самосознания. Кроме информационной составляющей, в сибирской периодике присутствовал также момент рецепции русской классики, осмысления с ее помощью процессов, происходивших в сибирском обществе.

Само слово «рецепция» (от лат. receptio – принятие) пришло в научный аппарат из области физиологии, затем его освоили юристы, работающие с римским правом, и относительно недавно этот термин стал применяться в литературоведении. В самом широком смысле слова рецепция – это «осознанное заимствование и освоение богатства чужой культуры в целях обогащения собственной» [1]. То есть это, с одной стороны, заимствование, с другой – приспособление с определенной целью.

Для изучения явлений рецепции русской классики в сибирских периодических изданиях наилучшим образом подходит периодика дореволюционного Томска. Центр огромной Томской губернии, в конце XIX – начале XX века он обладал многоуровневой разветвленной системой периодической печати, в которую входили практически все виды периодики: ежедневные и еженедельные газеты, тонкие и «толстые» журналы (в том числе ежегодники), «листки» и др. С этой точки зрения томская периодика является практически идеальной моделью, позволяющей исследовать самые сложные процессы, происходящие как в сибирской литературе, так и в сибирской литературной критике, сибирской журналистике.

Томская периодика не только внимательно следила за событиями, связанными и жизнью и творчеством русских писателей и поэтов, о чем свидетельствует значительное количество перепечаток из центральной и провинциальной прессы, но и самостоятельно осмысляла процессы, происходящие в русской и сибирской культурной жизни – в литературно-критических, сатирических, художественно-публицистических, беллетристических материалах. В постоянных рубриках сибирских газет, посвященных театральной и культурной жизни, в фельетонах, обзорах, в местной хронике сибирский читатель встречался с героями классических произведений русской литературы, которые нередко обретали в Сибири «вторую жизнь» (особенно это касалось персонажей сатирических). Благодаря русской классике появлялся новый уровень, создающий единое социокультурное пространство, информационную среду, в которой жители географически удаленных мест, находящиеся на разных ступенях общественного развития, выступали равноправными партнерами.

Упоминания имен русских писателей и публицистов носили разный характер, появлялись в связи с разными поводами, что позволяет выделить несколько уровней рецепции. Это, прежде всего, информационный уровень, играющий важную роль в приобщении сибирского читателя к литературной «повестке дня» всей России, создающий необходимый социокультурный контекст для дальнейшего разговора о духовных и нравственных ценностях сибирского и российского общества. Второй, более глубокий - литературно-критический: на этом уровне происходило осмысление беллетристического наследия, выстраивалась своеобразная писательская «иерархия». Наконец, самый важный уровень - художественно-публицистический, на котором актуализировалось творческое наследие писателей, происходило глубинное слияние литературных сюжетов и событий современности, цитаты из художественных произведений становились смысловыми акцентами публицистических выступлений.

Изучение вопросов рецепции творчества русских писателей, во-первых, позволяет определить наиболее значимых для сибирского общества писателей, к которым прислушивались, их мнение ценили, ориентировались на их позицию в важных общественных вопросах. В начале XX века таким писателем был, безусловно, Л.Н. Толстой; постоянно в круге внимания периодики было также творчество А.С. Пушкина и Н.В. Гоголя.

Исследование также делает возможным выявление «круга начитанности» сибиряка, поскольку цитирование, апелляция, сатирические переделки – особенно без ссылок на первоисточники – возможны только при существовании общего культурного «фона», писатель должен быть уверен, что его поймут, иронию – оценят. Судя по накопленным сведениям, наиболее частыми в газете были цитаты и ссылки на И.А. Крылова, Н.А. Некрасова, М.Е. Салтыкова-Щедрина, Н.В. Гоголя, А.С. Пушкина, Л.Н. Толстого – однако сибирский читатель хорошо знал и «опальных» А.И. Герцена и К.Ф. Рылеева, писателей и поэтов XVII века

Д.И. Фонвизина, Н.И. Новикова, и многих других литераторов, в том числе малоизвестных современных авторов.

Обращение к именам русских писателей для журналистов было важным не только в плане эстетическом, но и общественно-политическом, так как давало возможность обходить цензурные запреты, углублять контекст газетных материалов. В критических материалах газет неоднократно появлялись щедринские Колупаевы и Разуваевы, персонажи Н.В. Гоголя и А.С. Грибоедова. Это сближало общероссийскую и сибирскую действительность, позволяя соотносить прошлое и настоящее, столичное и региональное, расширять духовное пространство газет.

Исследование материалов томских газет и журналов позволяет по-новому оценить вовлеченность сибирского читателя в общерусский культурный процесс, выявить значение русской классической литературы для феномена регионального самосознания, которое зарождалось в сибирском обществе в конце XIX – начале XX веков.

Литература:

1. Словарь античности. М.: Прогресс. 1989 // URL: http://dictionary_of_ancient.academic.ru/3514, дата обращения: 10.02.2013.

Чарина О.И.
старший научный сотрудник,
кандидат филологических наук, доцент
сектора якутского фольклора ИГИиПМНС СО РАН

РУССКИЙ СТАРОЖИЛЬЧЕСКИЙ ФОЛЬКЛОР ЯКУТИИ: ОСОБЕННОСТИ ЖАНРОВ

На современном этапе развития общества нельзя не отмечать возрастание роли фольклора в межэтническом культурном взаимодействии. Русский фольклор в Якутии бытовал на Колыме, Индигирке, в среднем течении Лены.

В научной литературе довольно подробно сообщается о времени записи былин и других произведений фольклора на Колыме и Индигирке, указываются имена собирателей. Например, в сборнике «Фольклор Русского Устья» [4] подробно отражен русский эпический фольклор в серии «Памятников фольклора народов Сибири и Дальнего Востока», так, среди опубликованных в сборнике текстов имеются произведения устного народного творчества – былины и героические сказки районов реки Индигирки и Колымы [2, № 13-15, 17-19, 23-25, 29, 32, 37, 44-45, 50-59, 61-62, 66, 71-76, 84-88, 92, 95-97, 108-111, 115-116, 120, 128, 134, 137, 145-146, 149, 156, 168-172, 177-178, 184, 190-192, 194,197, 201, 203, 216, 218, 222-223, 224, 229].

Учитывая различный характер взаимодействия фольклора в зависимости от времени проживания русского населения в Якутии, принято разделять русское население на старожильческое и его фольклор, а его (т.е. фольклор) в свою очередь – на две группы, где первая группа связана с бассейнами рек Индигирки и Колымы и определяется закрытым характером бытования с незначительными лексическими и образными заимствованиями из якутского фольклора, и вторая – со средним течением Лены, с явными следами влияния якутского языка, фольклора и мировоззрения. Приход данных русских связан с началом заселения и освоения Сибири, это примерно, XVII-XIX вв. Они несли с собой не только материальную культуру, но и духовную, в частности, былины, исторические песни, произведения обрядового фольклора. Как известно, в "чистом виде" фольклор может существовать в условиях отрыва от иного влияния (изолят), что мы имели долгое время в Русском Устье и на Колыме. На Лене фольклор бытует в условиях открытого влияния: иного языка, фольклора, в условиях уже развитой литературы, фольклора вновь приходящих поселенцев [5, 3-69].

Что касается русского народа и его фольклора в Республике Саха, тот тут следует не забывать об опыте совместного проживания русских с одной стороны и – якутов, эвенов, эвенков, юкагиров и других народов, населяющих Якутию – с другой.

Но видно, что фольклор в последнее время не может бытовать, не имея влияния со стороны. Так и экспедиция в Русское Устье в декабре 2001 г. говорит о влиянии иных фольклорных заимствований со стороны русского же фольклора: песни, частушки, темы меморатов.

В свою очередь нельзя не отметить явное влияние русской культуры на якутский, эвенкийский, эвенский, юкагирский фольклор, которое также проявляется в языке, поэтике и даже – в жанрах.

Рассмотрим некоторые особенности взаимовлияния, которые мы встречаем в Якутии в Ленском улусе (экспедиция 2000 г.), Олекминском, Хангаласском улусах (экспедиции 1989, 1990, 1991, 1993, 2000, 2002 гг.), Аллаиховском улусе – 2001 г., Нижнеколымском улусе – 2005 г.

Так, в Ленском улусе, говоря об обрядовом фольклоре, респондентка-якутка нам рассказала, что «на Благовещение (7 апреля) девица ножниц не берет, пол не метет», и добавила, что это «правило» они всегда соблюдают [5, 2000].

В Аллаихе А.Г.Конукова убежденно говорила, что существует две Троицы - летняя и зимняя, возможно, она перенесла летнего и весеннего Николу по ассоциации на Троицу. Вообще, заметно, что на Севере Якутии несколько смазан календарно-обрядовый цикл, поскольку так не сеяли, не пахали, не доили коров, поэтому не упоминается ни Егорий (23 апреля), ни первый день выхода на поле (огород), а эти действия обязательно совершали в Олекминском и Ленском улусах. Такое же явление наблюдается по отношению к последнему снопу, который оставляли на поле в Юнкюре Олемкинского улуса, в Ленском улусе, есть упоминания об этом в Амгинском улусе.

В Олекминском и Хангаласском улусах на Лене обязательно проводился совместный Ысыах – заимствование из якутского обрядового цикла. Заметно, что русские участвуют в ысыахе, двигаются по кругу в осуохае (якутский круговой танец), но в этом присутствует некоторая принужденность со стороны русских.

По поводу заимствования жанров, несомненно, это яркие примеры заимствования в якутский фольклор из русского – частушек, а в колымском и индигирском русском фольклоре – андыльщин из юкагирского фольклора (их изучает Т.С. Шенталинская) [7, 97-115; 8, 140-151].

При этом почти все прозаические жанры, конечно же, подвергаются некоторым изменениям в композиции, образах, языке, кроме потаенных жанров. Например, русские заговоры определенно не имеют влияния якутского языка, следы которого постоянно наблюдаются в меморатах, сказках, легендах, быличках, песнях, частушках.

Далее заметны языковые заимствования. Прежде всего, в лексике – повсеместно по Якутии. Так, В Чокурдахе Конукова говорила: «А раньше жили вместе, называлось "дукаки", это, наверно, из юкагирского пришло», – уверяла она нас [5, 2001].

Как видим, фольклор русских старожилов низовьев реки Индигирки долгое время бытовал в отрыве от материнского фольклора, не имел открытых связей с фольклором автохтонных народов, но в последнее время многое изменилось. Фольклор русскоустьинцев утрачивает те старинные жанры, которыми он ранее располагал, это – былины, исторические песни. Однако культура остается, она заметна не только в приверженности к старинным песням, частушкам, загадкам и гномическим жанрам. Это выражается, в частности, в том, что многие жители и сейчас создают не только частушки как жанр наиболее удобный в применении, но и сочиняют песни о своей любимой реке Индигирке, о родном крае, о дорогих близких людях. Таковы стихи Кунаковой Анны Гавриловны, Омельченко Варвары Серафимовны (1936 г.р.); любовь к сочинительству, яркая образная речь свойственны и другим их землякам.

Произошла трансформация традиционного русского фольклора, языка старожилов севера Якутии, не являющегося типичным для всей Сибири, тем не менее, представляющего собой часть общесибирской традиции.

Другие аспекты взаимодействия в фольклоре связаны с вопросами влияния внутри самих автохтонных групп и анклавов, населяющих Якутию. При этом надо учитывать тот аспект, что влияние не всегда есть форма разрушения материнского фольклора, как говорит В.В.Головин, это, по его словам, форма "расшатывания иммунитета традиций, а форма проявления нормального процесса культурного общения" [1, 23].

Литература

1. Головин В.В. Фольклор русских в иноэтническом окружении // Сохранение и возрождение фольклорных традиций. Русский фольклор в иноэтническом окружении. М., 1995. Вып.6. С.14-23.
2. Русская эпическая поэзия Сибири и Дальнего Востока. Памятники Сибири и Дальнего Востока / Сост. Ю.И.Смирнов. Новосибирск, 1991.
3. Смирнов Ю.И. Былина «Садко» - как заклинание от дурной погоды// Фольклор народов РСФСР. Эпические жанры, их межэтнические связи и национальное своеобразие. Межвуз. науч. сб. Уфа, 1986. Вып.13, С.22-27.
4. Фольклор Русского Устья / Сост. С.Н.Азбелев, Г.Л.Венедиктов, Н.А.Габышев и др. Л., 1986.
5. Чарина О.И. 2000, 2001, 2005. Записи экспедиционных материалов. Личный архив. Дневники.
6. Чарина О.И.Русские песни Приленья. Новосибирск, 2009.

7.   Шенталинская Т.С.Андыльщина – местный песенный жанр русских колымчан // Сохранение и возрождение фольклорных традиций. М., 1995. Вып.6, с.140-151.

8.   Шенталинская Т.С. Адыльщина (жанр-эндемик)// Экспедиционные открытия последних лет. Народная музыка, словесность, обряды в записях 1970-х – 1990-х годов. Статьи и материалы. Спб., 1996. С.97-115. Серия «Фольклор и фольклористика».

Иванова Е. Ю.

ассистент кафедры теории языка и переводоведения Санкт-Петербургского государственного университета экономики и финансов

ФРАЗЕОЛОГИЗМЫ С КОМПОНЕНТОМ-ЗООНИМОМ. ЛИНГВОКУЛЬТУРОЛОГИЧЕСКИЙ АСПЕКТ (НА ПРИМЕРЕ АНГЛИЙСКОГО И ЯПОНСКОГО ЯЗЫКОВ)

Лингвистические исследования последних десятилетий отмечены погружением в изучение роли так называемого «человеческого фактора» в языке с целью изучения того, как человек, представитель той или иной культуры, использует язык в качестве средства коммуникации.

Особую роль в отображении национально-культурного самосознания народа и его идентификации как такового играет, в частности, фразеологический состав языка, ибо в образном содержании его единиц воплощено культурно-национальное мировидение. Большинство исследователей исходит из широкого понимания объёма фразеологии. Таким образом, под фразеологической единицей (ФЕ) понимается такое сочетание слов, в котором семантическая монолитность (целостность номинации) довлеет над структурной составляющей его элементов. При этом основное внимание уделяется национальной специфике выбора образного средства номинации (или сравнения) как важнейшего инструмента символической характеристики человека, его поведения и действий в окружающем мире.

ФЕ являются одним из средств вербализации базовых концептов национальной культуры. Во фразеологизмах отражается видение мира, национальная культура, обычаи и традиции народа носителя языка. В семантике ФЕ естественным образом сочетаются 2 плана: прямой и переносный – первоначальное значение входящих в нее слов или иероглифов и окончательное целостное значение. ФЕ помогают выяснить некоторые черты английского и японского национального характера.

В последнее время пристальное внимание исследователей привлекает к себе ФЕ, относящиеся к одной и той же лексико-семантической группе. Наименование животных - зоонимы – принадлежат к древнейшим и наиболее активным слоям языка и широко участвуют в процессах фразообразования. Образованные при их участие ФЕ составляют большое число во всех индоевропейских языках, принадлежат к наиболее продуктивной сфере фразеологии этих языков. Подобные ФЕ представляют интерес также для исследований в области этнографии, поскольку в них сконцентрированы веками слагавшиеся представления людей, их верования [1; 2; 3; 4; 5]

Как показывают исследования, ФЕ с зоонимами в основном служат для характеристики внешних и внутренних признаков людей, их действий, психических и физических состояний, «часть этих ФЕ восполняет в тематическом поле «качественно-оценочная характеристика человека» словесные лакуны, а их более значительная часть выступает в качестве эмоционально-экспрессивных эквивалентов уже существующих в языке наименований. ФЕ с зоонимами в основном представляют собой выражения, принадлежащие низкому языковому стилю» [3, 4]. Среди них большое число образуют выражения, характерные для народно-разговорного языка, просторечные обороты и вульгаризмы. Обретение ФЕ в целом подобной стилистической окраске во многом обусловлена влиянием его компонента-зоонима.

Частота употребления в ФЕ различных зоонимов, т.е. фразообразовательная активность последних различна. В вопросе фразообразовательной активности компонента-зоонима важную роль играет ряд экстралингвистических факторов:

1. Степень распространенности животного в ареале проживания данной языковой общности. Если животное на данной территории распространено в незначительной степени, то его название имеет небольшую вероятность выступить во фразообразовании, и обратно: зоонимы, характеризуемые большой распространенностью, имеют более высокую фразообразовательную активность.

2. Роль и значение животного в хозяйстве. Чем больше роль животного в жизни человека, тем выше фразообразовательная активность наименование данного животного.

3. Особенности культурного развития народа-носителя данного языка и его экономические, духовные и прочие связи с другими народами [3, 6-7].

Каждый зооним, как и любое слово, создает вокруг себя множество дополнительных значений-коннотаций или ассоциаций, которые возникают на основе реальных или воображаемых связей и отношений данного животного с предметами и явлениями объективного мира. Часть этих ассоциаций или коннотаций вследствие частого использования, распространение и стабилизации становятся понятной для всех членов данной языковой общности, обретая социальное осмысление, языковую значимость.

В процессе своего возникновения и развития зоо-образ имеет более или менее случайный характер, т.е. часто он не основан на точном научном значении, и один и тот же объект экстралингвистической действительности в системах разных языков переосмысляется различным образом. Однако в тот период, когда ассоциации, связанные с данным животным, уже существуют, наличны в качестве языковых факторов, сами эти коннотации начинают предопределять направленность новых ассоциаций, формировать отношения носителей языка к физическим и психическим признакам данного животного.

Разные народы имеют разный менталитет, на основе которого формируются семантические различия в тех или иных языках. Говоря на разных языках, имея разную психологию и разные обычаи, люди разных стран мира анализируют поведение животных совсем по-разному. Поэтому вполне естественно ожидать, что перенос значений в разных языках также происходит по-разному.

Конечно же, существуют вполне специфические, ярко выделяющиеся черты, повадки и типы поведения животных, которые нельзя не заметить. Однако даже в этом случае один человек может найти эти черты привлекательными, другой – неприятными или даже отвратительными.

Попробуем рассмотреть связь ФЕ и культуры на примере зоонимов с компонентом «кошка». Прежде всего, нам представляется целесообразным проследить этимологию рассматриваемого зоонима, а также выявить символические значения данного слова. По мнению М.М. Маковского кошка (cat) у многих народов считалась символом колдовства и зла: ср. и.-е. *kad- «зло, ненависть», и.-е. *skand- «смерть, уничтожение, позор»: типологически ср.: лат. felis «кошка», но русск. «зло» (и.-е. *kel-); перс. pusuk «кошка», но хет. puk «ненависть»; др.-инд. margara «кошка», но курд, merg «смерть».

Согласно древним преданиям, перед тем как заниматься магией, черти чистили рога, а ведьмы (кошка приравнивалась к ведьме, особенно черная кошка) мылись и расчесывали волосы: ср. в связи с этим: хет. katkat(t)enut «поливать водой, мыть»; а также и.-е. *skat- «ударять». С и.-е. *kat-, *kad- «кошка» ср. др.-инд. kankata- «гребень» (перед началом колдовства ведьма расчесывала волосы гребнем).

В то же время у некоторых народов кошка считалась священным животным и почиталась как божество: ср. хет. Katu - «король, царь; священник, жрец», тох. A katu- «драгоценность». Ср. также лат. cat-ena «цепь, порядок, гармония», (связь как избавление от чар наряду со связью чарами): типологически ср. лат. felis «кошка», но лат. felix «приносящий счастье, избавляющий от болезней». В некоторых поверьях кошка олицетворяла Божественный Разум: ср. лат. catus «мудрый», ирл. cath «мудрый».

Таким образом, кошка, с одной стороны, считалась символом нечистой силы и колдовства, а с другой - была предметом религиозного почитания, оберегом.

Как показывает приведенный материал, указанные слова являются индоевропейскими. В лингвистике известны многочисленные случаи полного звукового и семантического совпадения слов территориально далеких и генетически не связанных языков [10, 83-84].

Стоит также отметить символику кошки, а также отношение к данному зоониму народов интересующих нас языков.

Согласно словарю символов Джека Тресиддера, кошка символизирует хитроумие, способность перевоплощения, ясновидение, сообразительность, внимательность, чувственную красоту, женскую злость. «Эти почти повсеместные ассоциации имели различный символический вес и значение в древних культурах. В Египте, где существовал весьма значительный культ богини с кошачьей головой Бастет (или Баст), кошки считались несущими добросвященными животными. В Древнем Риме присущие кошкам своеволие и свобода поведения сделали их эмблемой свободы. Однако в других местах, их ночные крики и устрашающее изменение внешности (расширение зрачков, выпускание и втягивание когтей, внезапные переходы от спокойствия к агрессивности) вызывали негативный символизм. Кельты приписывали черным котам злую хитрость, а также использовали их образ в качестве погребального символа. В Японии кошек считали предвестниками неудач, японские сказки описывают, что кошки могли вселяться в женские тела. В то же время кошки символизируют силу трансформации и мирный отдых.

Женоненавистнический символизм кошек закрепился в английском эпитете «cattish» (злобная, язвительная, хитрая, коварная – по отношению к «женщине». Наиболее негативный образ возникает в обширном фольклоре о ведьмах, где кошки предстают приближенными сатаны, ассоциируются с сатанинскими оргиями, считаются похотливыми и жестокими воплощениями самого дьявола. Кошка означает также все, что делается украдкой; желание и свободу» [13, 56].

Энциклопедия «Символы, знаки, эмблемы» В. Л. Телицына добавляет: «В Китае иероглиф кота тот же, что и для цифры 80, что сделало кота символом долгой жизни. Кот у китайцев являлся символом ясновидения, также ассоциируясь с луной. Ему приписывали демонические силы и способность видеть духов ночи. Белых котов наделяли способностью превращаться ночью в злых духов, потому что они крадут лучи лунного света, тогда как в европейских странах именно черные коты ассоциировались с черной магией. Например, когда ведьма забиралась на помело, на него же забирался и кот» [12, 132-133].

Образ кошки, сложившийся в сознании народа, находит свое проявление и в ФЕ:

A cat with nine lives- *1) For a woman to be too cunning and prudent to be taken unawares. 2)Extremely lucky person*

В первом случае во фразеологической единице актуализируется символическое значение кошки как источника хитрости, изворотливости и женского начала.

Во втором значении проявляется отношение к кошке как к удачливому животному, наделенному сверхъестественной силой.

A bag of cats - *A bad-tempered person*

Данная ФЕ относится к фразеологическим сращениям, также ее можно назвать субстантивной разговорной ФЕ. Фразеологизм отражает народную культуру своим прототипом. Таким образом, значения и повадки, приписывающиеся зоониму в английской языковой культуре, находят свое отражение в рамках ФЕ. Фразеологизм носит отрицательную коннотацию и использует образ прототипа зоонима, то есть агрессивность и склонность к склокам и дракам.

Catwalk - *A narrow walkway or open bridge , especially in an industrial installation. Termed as such because of a cat's ability to balance in very narrow places.*

Является субстантивным межстилевым фразеологическим единством. Во фразеологизме актуализуются физико-физиологические свойства зоонима, а именно грациозность и гибкость. Культура отражается прототипами фразеологизма.

猫ばば**(neko baba)** - *Embezzlement; misappropriation; pocketing; stealing*

Основываясь на классификации ФЕ Сираиси Дайдзи [6, 7], данную ФЕ можно отнести к первой группе, то есть к сочетаниям, где общее значение не может быть понятно по значению составляющих. Согласно классификации японских ФЕ с компонентом-зоонимом О.П. Фроловой [7, 23-24], рассматриваемый зооним можно отнести к зоосемизмам, входящим в состав ФЕ. Появление ФЕ связано с тем, что кошка является символом воровства и лукавства.

猫の目 **(neko no me)** – *Fickle*

Данную ФЕ можно отнести к сочетаниям, в которых общее значение выводится из значений составляющих. Зооним в данном случае также является зоосемизмом, входящим в состав ФЕ. ФЕ основана на физическом свойстве зрачков кошки менять свой размер. Таким образом, фразеологизм построен на наблюдении за животным.

猫額 **(neko bitai)** - *(as small as a) cat's forehead, tiny*

Зооним в данном примере относится к зоосемизмам, входящим в состав ФЕ, а также можно рассматривать как зоосемизм, входящий в компаративную конструкцию. Рассматриваемый фразеологизм следует отнести к сочетаниям, в которых общее значение выводится из значений составляющих. Появление ФЕ обусловлено внешнему облику зоонима.

Проанализировав более 80 фразеологических единиц с компонентом-зоонимом «кошка» представляется целесообразным составить следующую сводную таблицу:

Образ кошки в ФЕ английского и японского языков.

Я з ы к	Характеристики	
	Положитель ные/ нейтральные	Отрицательные
А н г л и й с к и й я з ы к	Хитрость, удачливое животное, наделенное сверхъестественной силой, символ женского начала, подвижность, энергичность, идеальность, красота, грациозность и гибкость, живучесть, безукоризненность, осторожность и ум.	Хитрость, изворотливость, агрессивность, склонность к склокам и дракам, источник опасности, легкомысленности, игривости и продажности, подвижность, энергичность, трусость, бесполезность, животное, издающее неприятные звуки, опасность, властный и повелительный характер, лень, глупость, нерасторопность, любопытство, серьезность и грозность, раздражительность, свободолюбие, жестокость и отменный охотничий инстинкт, нечестность, наглость, склонность к воровству, источника обмана, фальши, похотливость и разгульный образ жизни.
Я п о н с к и й я з ы к	Физическое свойство зрачков менять свой размер, маленькая голова, мягкий голос, гладкость шерсти, недоверчивость и осторожность, быстротечность жизни.	Символ воровства и лукавства, коварство, лживость, лицемерие, слабое, бесполезное существо, хитрость, упрямство и свободолюбие, шумная, символ опасности и угрозы.

Таким образом, проанализировав практический материал, можно сделать следующие выводы:

1. ФЕ, включающие образ кошки, английского языка имеют в большинстве случаев отрицательную коннотацию. Это объясняется

сильным влиянием закрепленных за зоонимом отрицательных символических значений, приписываемых еще язычеством.

Интересен тот факт, что более поздние фразеологические единицы начинают приобретать нейтральное, а в ряде случаев и положительное отношение к зоониму. Это связано, на наш взгляд, с более развитым «одомашниванием» кошек. Таким образом, кошки в сознании людей начинают приобретать статус домашнего животного, а не дикого мистического существа.

2. ФЕ с анализируемым зоонимом японского языка, хотя и имеют в ряде случаев отрицательную коннотацию, все же чаще стремятся к нейтральности. Образование ФЕ в большинстве случаев основывается на наблюдении за характером и повадками животного, а также на его внешнем облике и физических свойствах. Существуют также и заимствованные ФЕ, переведенные на японский язык с помощью калькирования. Однако, такие ФЕ в какой-то степени теряют часть образности исходных фразеологизмов.

3. Значительная часть символических значений зоонимов и образованных от них ФЕ восходит к древнейшим стадиям развития английского и японского языков. В них нашли свое отражение представления народа-носителя данного языка, его мировоззрение, условия жизни и быта, верование и предрассудки, обычаи и традиции.

4. ФЕ с зоонимом «кошка» по стилистической маркированности чаще всего относится к межстилевым или разговорным фразеологизмам. Обретение ФЕ в целом подобной стилистической окраски во многом обусловлена влиянием его компонента-зоонима.

5. С точки зрения эквивалентности какой-либо чисти речи ФЕ с компонентом-зоонимом «кошка» в английском языке доминируют субстантивные, адъективные и вербативные ФЕ.

6. ФЕ с зоонимом «кошка» в английском и японском языках в основном служат для характеристики внешних и внутренних признаков людей, их действий, психических и физических состояний.

7. Сравнивая анализируемые ФЕ двух языков, можно говорить о том, что фразеологизмы английского языка больше подвержены влиянию символического значения зоонима, тогда как японские фразеологизмы менее экспрессивны и отражают реальные свойства прототипа зоонима.

Проведенный анализ фразеологизмов даже с одним зоонимом выявил большое количество фактического материала, что говорит о распространенности ФЕ с компонентом-зоонимом как в английском, так и в японском языках.

Анализ смысловых особенностей компонента-зоонима показывает, что между ФЕ как целостным образованием и компонентом как ее частью в смысловом плане существуют отношения взаимовлияния, то есть целостное значение ФЕ влияет на значение зоонима, производя в нем определенные изменения, а компонент-зооним, в свою очередь, в значительной степени обусловливает семантическую направленность всей ФЕ.

Библиографический список

1. Битокова С.Х. Метафорическое использование зоонимов в формировании языковой картины мира.// проблемное описание и преподавание романо-германских языков (семантика и структура слов, предложения и текста). Межвузовский сборник научных трудов. – Нальчик, 1996

2. Быкова С.А. Устойчивые словосочетания в современном японском языке. Издательство Московского университета, 1985

3. Геворкян А.В. Семантика, структура и происхождение фразеологических единиц с зоонимами (на материале армянского и английского языков) - Ереван, 1990

4. Киндря Н.А. Английские и русские фразеологизмы с компонентом-зоонимом в свете истории культуры.- М., 2005

5. Курбанов И.А., Матулевич Т.Г. Национально-культурная специфика зоонимов русского и английского языков. Материалы к словарям.- Сургут, 2002

6. Стругова Е.В. Идиоматические и устойчивые сочетания в современном японском литературном языке.- М., 1973

7. Фролова О.П. Фразеология современного японского языка. - Новосибирск: НГУ, 1979

Словари и справочники

8. Лингвистический энциклопедический словарь. Главный редактор В. Н. Ярцева.- М., 1990

9. Кунин А.В. Большой англо-русский фразеологический словарь 6-е издание, исправленное.- М., 2005

10. Маковский М.М. Историко-этимологический словарь современного английского языка. Слово в зеркале человеческой культуры.- М., 2000

11. Неверов С.В., Попов К.А., Сыромятников Н.А. Большой японско-русский словарь. – М., 2007

12. Символы, знаки, эмблемы: Энциклопедия/ Под общ. ред. В. Л. Телицына. — 2-е изд. — М., 2005

13. Трессидер Д. Словарь символов. М., 1999

14. Cambridge International Dictionary of idioms. 1998. Cambridge: Cambridge University Press,

15. Longman dictionary of the English language. 1991. New edition. Edited by Brian O'Kill. Harlow: Longman

16. The New Oxford Dictionary of English. 1998. Oxford: Oxford University Press

Тезисы

Фразеологические единицы (ФЕ) являются одним из средств вербализации базовых концептов национальной культуры. В последнее время пристальное внимание исследователей привлекает к себе ФЕ с компонентом - зоонимом, так как данные единицы принадлежат к древнейшим и наиболее активным слоям языка и широко участвуют в процессах фразообразования.

В статье рассматривается взаимосвязь ФЕ английского и японского языков и культурного компонента. Анализу специально были подвергнуты не родственные языки, чтобы избежать возможности взаимовлияния языков друг на друга.

Анализ смысловых особенностей компонента-зоонима показывает, что между ФЕ как целостным образованием и компонентом как ее частью в смысловом плане существуют отношения взаимовлияния, то есть целостное значение ФЕ влияет на значение зоонима, производя в нем определенные изменения, а компонент-зооним, в свою очередь, в значительной степени обусловливает семантическую направленность всей ФЕ.

Рассматриваемые единицы обоих языков в большинстве случаев служат для характеристики внешних и внутренних признаков человека, его действий, психических и физических состояний, показывают взаимоотношения между людьми, особенности их быта и обычаев.

В качестве элементов целостного значения ФЕ компоненты-зоонимы редко сохраняют свои буквальные значения; в подобных случаях смысловая значимость зоосемического компонента является максимальной. На зоонимы, входящие в состав ФЕ, большое влияние оказывает символическое значение слова, сложившееся еще в язычестве.

Иванова С.Ю.

доктор философских наук, профессор, ЮНЦ РАН, главный научный
сотрудник

ИСТОРИКО-КУЛЬТУРНОЕ НАСЛЕДИЕ СЕВЕРНОГО КАВКАЗА КАК РЕСУРС СОХРАНЕНИЯ СТАБИЛЬНОСТИ В РЕГИОНЕ

Нынешняя весьма сложная ситуация на Северном Кавказе отражает актуальные процессы становления России как федеративного государства. Но, в отличие от ее центральных регионов, где на первый план выходят экономические и социальные вопросы, в южных областях они существенно осложняются вызовами национализма, многообразия культур, необходимостью гармонизации процессов возрождения ислама и европейской (христианской) модели развития РФ. Для выявления специфики социокультурной ситуации на Северном Кавказе необходимо рассмотреть, особенности региона как локального социума, слагающегося из множества субкультурных сообществ. Исследователи отмечают некоторую фрагментарность структуры культуры северокавказского региона, пронизанной традициями христианского, исламского и языческого мира, что привело к появлению «культурной чересполосицы». Представление о Северном Кавказе как о географической единице неправомерно отождествлять с представлением о нем как о монолитном культурно-историческом и социально-политическом субъекте. Единство не исключает множественности культур и сложной внутренней структурированности. Системный баланс культур, сложившийся на Северном Кавказе, после распада СССР оказался разрушен, что привело к всеобщему кризису не только советской идентичности и культуры, но и российской. Стремясь подтолкнуть Россию к модернизации на основе за-паднизации (американизации или европеизации), смене социокультурного кода, культурная политика федеральных властей, деятельность электронных СМИ были направлены на дискредитацию всего, что было связано с Российской империей и СССР. Такая политика углубляла кризис русского национального самосознания, создавала образ русской культуры как вторичной, якобы своего рода ретранслятора европейской, что в полиэтничном государстве не могло не иметь деструктивных последствий. Магнетизм, притягательность русской культуры, ее доминантная, интернациональная роль на Северном Кавказе стала утрачиваться, часть интеллигенции народов Северного Кавказа стала испытывать потребность дистанцироваться от «непрестижной», «суррогатной» и «тупиковой» российской социокультурной системы и ее «пагубного» влияния, считая это необходимым условием этнического самосохранения.

Для более глубокого понимания разворачивающихся в регионе противоречивых культурных процессов необходим анализ в общем контексте исторического развития и политической практики российско-кавказских взаимоотношений, изучение того, как трансформируется «образ» Северного Кавказа в общественном сознании и научных дискуссиях. Следовательно, описание, объяснение и понимание современной ситуации на Кавказе должно строиться не на истолковании традиции народов региона, а на анализе итогов их культурно-исторической эволюции, в соотнесении с общими процессами социально-культурных трансформаций России. В данном контексте важно отметить, что проблема преодоления цивилизационных расхождений и проблема поиска путей синтеза сопровождает весь российско-кавказский исторический процесс. В том числе и по этой причине кризисы и конфликты последнего десятилетия XX века необъяснимы вне общего исторического контекста. А преодоление таких деструктивных явлений, как этнический национализм, сепаратизм или религиозный фундаментализм может быть достигнуто лишь на путях дальнейшей модернизации местных обществ, сохраняющих свою культурно-историческую идентичность в гармонии с общероссийской гражданской консолидацией но основе формирующейся общероссийской идентичности. Культурная самобытность Кавказа, зародившаяся в глубокой древности и неустранимая, вероятно, на обозримую перспективу, сформировала две константные черты российско-кавказского исторического процесса. Во-первых, это присутствие в государственном пространстве России исторического региона, отмеченного инокультурностью. Во-вторых, это двойственность основ жизнедеятельности и культуры народов Кавказа. Кавказская идентичность складывалась из элементов культуры многих этносов, вобрав в себя исламскую и христианскую ментальность, традиции горских и равнинных культур, вкрапления турецкой, персидской, греко-римской, арабской и славянской цивилизаций. В новое и новейшее время важную роль сыграли процессы интеграции Кавказа в российское, а затем в советское пространство. Кавказский менталитет также представлял собою особый культурный феномен. Человек в северокавказской культуре находится под жесточайшим контролем своего коллектива выживания. Влияние ментальных особенностей все отчетливее проявляется в ситуации демодернизации социальной и культурной сфер жизни.

В последние годы практически произошло разрушение выстроенной в советское время системы образования, что привело к массовому снижению культурного уровня населения. Система высшего образования стала коррумпировано-формальной, получение знаний заменяется получением дипломов с помощью финансового или «кланово-родственного» ресурса. Значительная часть молодежи (русская практически вся) выезжает для получения реального (и дешевого) образования в другие регионы и назад уже не возвращается. Разрушение системы высшего образование порождает кризис среднего и начального образования: полноценно образованных учительских кадров становится все меньше. Система среднего образования продолжает держаться на учителях получивших образование в советский период. Особенно остра данная проблема для сельских (особенно горных) районов, где образовательная система становится все более символической. Это особенно заметно в ситуации с преподаванием русского языка и литературы. Существовавшая в советское время практика распределения, при которой в горные районы по распределению направлялись школьные учителя в настоящее время, прекратилась. Качество подготовки учителей-русистов (а также и преподавателей национальных языков) в последнее время очень сильно снизилось, наблюдается также выезд качественных преподавательских кадров в другие, более социально и экономически благополучные регионы. Однако, если в городских школах обучение русскому языку еще хоть как-то но ведется, в сельских школах зачастую сам учитель-русист не может говорить и читать по-русски. Недостаточное владение горцев русским языком приводит к ситуации «духовного голода»: русские книги, телевидение и радио становятся малодоступны, а культурный продукт на национальных языках недостаточен, как правило, создавался в советское время и устарел. На Кавказе стремительно растет разрыв в уровне культурного развития между сельским и городским населением. Этот разрыв доходит, чуть ли не до внутринационального разделения на своеобразные «субэтносы» с разными социальными установками и ценностями.

Опыт истекших полутора десятилетий показал, насколько сложны проблемы в культурной сфере региона, и подтвердил невозможность их силового решения. Поэтому необходим поиск принципиально иных путей урегулирования кризисных и конфликтных ситуаций не только на Северном Кавказе, но и в других сходных с ним районах мира.

Шлык Е.В.
кандидат филологических наук, доцент кафедры иностранных языков
Брянского государственного университета имени академика И.Г.
Петровского
shlykl@mail.ru

ВРЕМЕННАЯ ТРАНСПОЗИЦИЯ В СОВРЕМЕННОМ РУССКОМ ЯЗЫКЕ

Большое число работ посвящено переносному употреблению времен. Расхождение, противоречие между значением глагольной формы и временным планом контекста отмечены еще в работах А.А. Потебни [7, 271-273], А.М. Пешковского [6, 208-209]. Случаи транспозиции времен представляются интересными в силу своей яркости, колоритности.

Формы прошедшего совершенного в контексте будущего представляют будущее действие так, как будто оно уже совершилось, реально. В сочетании с настоящим воображаемого действия [1, 118] свершившимся предстает не просто будущее, а воображаемое, взлелеянное в будущем действие, факт:

*И снова здесь, в эшелоне, надежда нашла дорожку к ее сердцу. Вот **доехали** до лагеря – и ей крикнут: «Любимова, выйди из рядов, тут на тебя пришла телеграмма, освобождение», – ну и так далее, и тому подобное: она едет в Москву пассажирским поездом, и вот Софрино, Пушкино, и вот Ярославский вокзал, она видит Андрея, и на руках у него Юля [5, 7].*

Употребление формы прошедшего совершенного в контексте настоящего исторического обусловлено необходимостью выразить способ действия, связанный лишь с совершенным видом, с необходимостью выразить начинательный способ действия, выделить, подчеркнуть возникновение нового действия, факта в череде событий:

*Отцы **сидят**, а в начале тридцатого года семьи **стали забирать** [5, 5].*

Для актуализации прошлого используются формы настоящего времени, привносящие обобщенное значение обыкновения, всегда совершающегося, бывающего действия, события:

***Были** старухи с усталыми, спокойными глазами, попавшие в тюрьму еще при Ленине, насчитывающие десятки лет тюремной и лагерной жизни. Это народницы, социалистки-революционерки, социал-демократки. Их **уважает** стража, воровки с ними почтительны; они не встают с нар, если в барак входит сам начальник лагеря [5, 8].*

*Рукава его черной сатиновой рубахи кончались где-то между локтями и кистями рук, а белые пуговки на вороте и на груди придавали ей вид детской, мальчиковой. Что-то смешное и трогательное **бывает** в* этом соединении белых детских пуговичек на одежде с седыми висками, взглядом стариковских, измученных глаз [5, 11].

Формы настоящего несовершенного могут быть использованы для актуализации фактов в контексте прошлого. «Настоящее эмоциональной актуализации» [2, 339] репрезентирует ситуацию с противопоставлением, возникновением нового факта, вызывающего определенные эмоции у говорящего:

*Истопили печку, а щи недоваренные остались, молоко недопитое, а из труб еще дым **идет**, **плачут** женщины, а **кричать боятся**. А нам хоть бы что: актив – одно слово. Подгоняем их, как гусей [5, 4].*

*Отцы и матери хотели детей спасти, хоть немного хлеба спрятать, а им **говорят**: у вас лютая ненависть к стране социализма, вы план хотите сорвать, тунеядцы, подкулачники, гады [5, 5].*

*Мужики себе рты и носы платками завязывали – стали вытаскивать тела, а они на куски **разваливаются**. Потом закопали эти куски за деревней. Вот тогда я поняла – это и есть кладбище суровой школы. Когда очистили от мертвых избы, привели женщин полы мыть, стены белить. Все сделали, как надо, а запах **стоит** [5, 4].*

Формы настоящего несовершенного могут представлять своего рода актуализированное пояснение ситуации прошлого:

*Стали на обрывках газет заявления подавать: **выбываю** из колхоза в единоличные [5, 7].*

*Зашла я в одну избу. Люди **лежат** то ли еще дышат, то ли уже не дышат, кто на кровати, кто на печке, а хозяйская дочь, я ее знала, лежит на полу в каком-то беспамятстве зубами грызет ножку у табуретки [5, 7].*

*А тут очереди особые – я таких больше не видела. Друг дружку **обхватывают** за пояс и стоят один к одному. Если кто оступится, всю очередь шатнет, как волна по ней проходит [5, 7].*

Формы настоящего исторического несовершенного выражают ряд сменяющих друг друга фактов, предшествование:

Вот что я поняла. Вначале голод из дому гонит. В первое время он, как огонь, печет, терзает, и за кишки, и за душу рвет, – человек и бежит из дому. Люди червей копают, траву собирают, видишь, даже в Киев прорывались. И все из дому, все из дому [5, 7].

Формами настоящего-будущего совершенного, актуализирующими ситуацию прошлого, представляются повторяющиеся, обычные действия:

*– Я теперь убедился своими глазами, **соберутся** возле правления и **почесываются**. Пока председатель и бригадиры погонят на работу, десятью потами обольются. А колхознички жалуются, что им на трудодень при Сталине вовсе не платили и что теперь еле-еле получают [5, 6].*

*Ночью **проснешься**, кругом тихо: ни разговору, ни гармошки [5, 7].*

*Актив, ясно, выселял. Инструкции не было, как выселять. Один председатель **нагонит** столько подвод, что имущества не хватало, звание – кулаки, а подводы полупустые шли* [5, 8].

*И, случалось, бросали люди куски хлеба, объедки разные. Пыль **уляжется**, **отгрохочет**, и ползает деревня вдоль пути, корки ищет* [5, 8].

Возможно «наслоение» модальных оттенков возможности, способности:

*А в активе всего было: и такие, что верили и паразитов ненавидели, и за беднейшее крестьянство, и были – свои дела обделывали, а больше всего, что приказ выполняли, – такие и отца с матерью **забьют*** [=смогут забить, в состоянии это сделать], *только бы исполнить по инструкции* [5, 8].

Формы настоящего совершенного могут обозначать внезапное, неожиданное наступление конкретного единичного действия, отличающегося особой интенсивностью с глаголом одноактного действия. Просторечная форма усилительной частицы «как» указывает на характерную для данного оборота особую эмоциональную интонацию.

*Петровна сказала: – Бывает. На рождество села я обедать, положила себе на блюдечко поросенка жареного, только стала его ножом резать, к-эк он **хрюкнет*** [4, 3].

Настоящее несовершенное участвует в передаче действия, намечаемого в настоящем для осуществления в будущем. Обобщенно-фактическое значение осложняется модальным оттенком предписания, чужого волеизъявления:

*– Получен приказ сегодня ночью вылететь, – сказал он, встал, распрямился, вытер ладони, сощурил глаза – и садовник исчез… – Почему-то на этот раз **летим** с пассажиром* [3, 4].

При выражении будущих воображаемых действий говорящий рисует картину будущего, которое в его воображении становится настоящим, события актуализируются в фигуральном, метафорическом настоящем с помощью форм настоящего совершенного:

*Она еще **увидит** Юлю и мужа. Конечно, не сегодня, не завтра. Пройдут годы, но она увидит их: как ты поседел, какие печальные глаза у тебя…* [5, 8]

Итак, можно выделить три типа реализации грамматического значения форм времени в условиях их переносного употребления: настоящее историческое, настоящее при обозначении будущих действий и настоящее эмоциональной актуализации, прошедшее в контексте будущего. Во всех этих случаях ярко проявляется контраст между значениями грамматической формы и контекста. Столкновение контекста и формы может привести к ослаблению временного значения, выражаемого глагольной формой, в частности, при употреблении форм прошедшего совершенного в контексте настоящего абстрактного. Для переносного употребления форм будущего несовершенного характерно участие модальных оттенков. Как показывает анализ, наиболее богаты возможностями переносного употребления формы настоящего несовершенного и прошедшего совершенного; формы будущего несовершенного меньше способны к транспозиции, реже выступают в «неродном» контексте; довольно узкой представляется сфера переносного употребления форм настоящего-будущего совершенного, наименее способной к транспозиции является форма прошедшего несовершенного.

Многие случаи переносного употребления форм времени характеризуются особой экспрессивностью и эмоциональностью, что в значительной степени является результатом контраста между контекстом и грамматическим значением формы, наиболее яркого на фоне стилистической нейтральности или меньшей экспрессивности соотносительного прямого употребления другой формы. Такие типы транспозиции, как настоящее намеченного и воображаемого действия, прошедшее совершенное в контексте будущего и абстрактного настоящего, встречаются преимущественно в разговорной речи. Однако, признак стилистической окрашенности, повышенной экспрессивности и эмоциональности является типичным, характерным, но не обязательным для транспозиции времен.

Литература:

1. Бондарко, А. В. Вид и время русского глагола [Текст] / А. В. Бондарко. – М.: Просвещение, 1971. – 239 с.

2. Бондарко А.В. Теория морфологических категорий и аспектологические исследования [Текст] / А. В. Бондарко / РАН; Ин-т лингвистических исследований. – М.: Языки славянских культур, 2005. – 624 с.

3. Гроссман В. Авель (Шестое августа) / www. prozaik.org

4. Гроссман В. В большом кольце / www. prozaik.org

5. Гроссман В. Все течет / www. prozaik.org

6. Пешковский А.М. Русский синтаксис в научном освещении [Текст] / А.М. Пешковский / Изд. 7-е. – Москва, 1956. – с. 208-209

7. Потебня А.А. Из записок по русской грамматике [Текст] / А.А. Потебня / т. I-II. – Москва, 1958. – с. 271-273

Шабатура Л.Н., Яцевич О.Е.
Шабатура Л.Н.-профессор, д.ф.н.,
Яцевич О.Е.-переводчик, соискатель кафедры философии
Тюменский государственный нефтегазовый университет
maru-safronova@rambler.ru, shabatura@tsogu.ru

ЯДРО МЕНТАЛЬНОЙ ДЕЯТЕЛЬНОСТИ В РАЗЛИЧНЫХ КУЛЬТУРАХ

В суетной, повседневной жизни люди утратили изначальное чувство общности, ощущение единства с миром, а духовные водители, люди искусства, пытаются возродить его в надежде, что это чувство избавит человека от ощущения потерянности, забытости, ненужности, одинокости — того, что называется отчуждением. В сравнении с буддийской терминологией дукха и есть дисгармония, нарушение контакта с миром и с самим собой — расплата за отпадение от природы. Только тогда, когда человек избавится от невежества, от эгоцентризма, от сосредоточенности на себе, на своем благополучии, он освободится от страдания и обретет полноту. Говоря словами Мацуо Басё, великого японского поэта, который руководствовался философией буддийской школы Дзен и положил в основу своего творчества принцип «озарения» «все, что ни видишь, — цветок, все, о чем ни думаешь, — луна. Для кого вещи не цветок, тот дикарь. У кого в сердце нет цветка, тот зверь. Изгони дикаря, прогони зверя, следуй Вселенной — и вернешься в нее».[1,15]

В Индии же мудрость рассматривалась как действие, а действие как мудрость. По мнению многих индийских мыслителей человеческая деятельность направлена на достижение четырех целей: богатства, наслаждения, добродетели и освобождения.[2,67]

Православный же священник он вовсе не подобен даосскому монаху, он не ищет ответы на вопросы, замыкаясь в себе, он полностью открыт, и готов не только к монологу с самим с собой, но и к диалогу, и что, не менее важно, к реальной помощи любому страждущему и вопрошающему. Нередко именно православные священники становились главными героями классических произведений. Это и «Воскресение» Л.Н. Толстого и «Соборяне» Н.С. Лескова. Современные сценаристы тоже стали задумываться над смыслом жизни, многим надоело снимать блокбастеры, и Павел Лунгин представляет на суд зрителю замечательный фильм «Остров», который повествует о жизни священника-отшельника.

Вернемся к Японии. Почему этот вопрос нельзя обойти молчанием, когда речь идет о современной Японии? Потому что для японцев эта тема злободневна. Они изначально выбрали путь красоты и привыкли *соизмерять свои поступки с понятиями не добра и зла, а красоты и уродства.*

Понимая, какую силу таит в себе красота, «спасающая мир», японские философы продолжают ее поиск. Красота перестает быть красотой, если теряется равновесие между внутренним и внешним или если внешнее берется за основу. Внешняя красота не может быть истинной, потому что истина не может быть односторонней. Негармоничная красота, лжекрасота неизбежно противостоит добру как зло, утратив свойство всеобщности, усиливает дисгармонию мира и оттого приносит людям боль и страдание. [1,16] Часто японский труд — это созерцательная деятельность, концентрирующаяся в уме отдельного индивида.

Ценности этого архетипа, которые наследует Япония, — это порядок и забота о здоровье, в Японии самый высокий уровень медицинского обслуживания, чередование работы с отдыхом, исполнение долга, моральная чистота и порядочность, трудолюбие и деловые качества (аккуратность, оперативность, исполнительность)

Как различны народы, так и различна деятельность, характеризующая именно тот народ, который ее осуществляет. Если мы говорим, о японцах, то в первую очередь затрагиваем неспешность, обдуманность, созерцательность их действий.

Японские поэты славились созданием танк-особых лирических миниатюр, которые показывают душевные порывы лирика, вмещающие в маленькое четверостишие весь полет фантазий автора.

Если речь идет об американцах, то они наперед обдумывают каждый несделанный шаг и подсчитывают результат своей деятельности.

Ядро ментальности США и его культурные приоритеты описывает семантика мифологического архетипа бога речи, счета, письма и торговли.[3,40]

Америку часто называют «королевой информации», т.к. здесь хорошо развиты все средства связи и они легко доступны человеку. Американцы позволяют себе нарушать самые священные табу, ради утверждения своей силы, они сообразительны, владеют в большинстве своем несколькими иностранными языками, контактны. Их ментальное ядро сформировано.

Совсем в ином свете представляется иностранному обывателю русский человек.

И в самом деле, совершенно правы те исследователи, которые утверждают, что труд на Руси обладает признаками, отличающими его от труда европейца или американца. В российских мегаполисах, например, труд в пределах и за пределами производства совмещается. Поскольку в наших мегаполисах «существуют огромные массивы частных домов без удобств, мощеных дорог, газа и водопровода, но с огородами», то труд на производстве совмещается с трудом на своем огороде, земельном участке.[4,488] Очень часто русских называют ленивыми, но с этим утверждением можно и поспорить. Испокон веков русские жили в суровых климатических условиях, на огромнейших территориях, на которых без добротного жилья невозможно было бы не только жить, но и трудиться, обрабатывать землю. Получаемый единоразовый урожай, который нельзя было сравнить с двумя, тремя урожаями за один сезон с земель южных поселений, необходимо было делить на воспроизводство и потребление. Первое зачастую было приоритетнее потребления, в силу иррационального отношения к себе и высокодуховного отношения к Природе и Земле-матушке. Кроме того, затраты на получение урожая были несопоставимо выше, что не позволяло развивать технику и технологии. Действительно, по техническому оснащению мы отстаем от «прогрессивного» Запада, для которого важен материальный стимул, тогда как для русского человека всегда исконным был стимул духовный. А поэтому, он общаясь с природой, труд представлял как определенную ценность, и земля для русского, россиянина - Земля — Матушка, кормилица, а Лес — Батюшка, защитник. Лес на Руси — Сад Божий. «Возле леса жить — голоду не видеть» или «Лесная сторона не одного волка, но и мужика досыта накормит». Именно так гласит народная мудрость. Для русских характерны: миролюбие, нестяжательство, неспешность, размеренность, взаимопомощь, взаимовыручка, соборность, коллективный труд с песней.

Действительно, наш труд даже в начале нового тысячелетия более патриархальный, менее фондовооруженный, в его организации несравненно большее значение имеет духовность, соборность, коллективизм; он, в отличие от труда западного, есть не просто добывание средств к существованию, но особый образ жизни русского человека, его устремленность к совершенству, которая выражается и воплощается в различных артефактах-продуктах труда. Отсюда становится понятнее и широкое распространение, особая «живучесть» и роль трудовых традиций, ритуалов, обрядов, процедур. Индустриальное и постиндустриальное производство есть производство массовое, обезличенное, универсальное, где даже специализация товаропроизводителя нивелируется высоким уровнем автоматизации, компьютеризации труда.[5,489]

Если брать во внимание наших дедов, то их труд был, скорее всего, идейным, направленным на благо Отечества, на всеобщую цель, недаром каждый второй из них имеет удостоверение ветерана труда и ветерана тыла, а тунеядство каралось по закону, тунеядцев порицали на судах общественности. Нынешняя молодежь, напротив, совершенно не стремится к труду, ее труд от случая к случаю, они надеются получить счастливый билетик в жизни, желают «трудиться» плавая в интернете. У современных юзеров нет истинных ценностей, их ценности мнимы, ведут к разрушению не только личности, но и нации.

Важным направлением современной гуманизации и социализации экономической культуры должно быть сохранение ее народности, народного характера. Подлинная экономическая, хозяйственная культура всегда должна быть понятной, доступной, укорененной культурой. Народность есть признак, соединяющий в себе эти критерии. Конкретным способом сохранения народности и ее самосовершенствования выступают традиции, обычаи, исторический опыт нации.

Народность есть та мудрая простота, которая, по словам Л.Н. Толстого гениальна. Все гениальное просто в том смысле, что все народное — гениально, а все сложное и заумное — ненародное. [6,54]

Литература

1. Григорьева Т.П. //Вступительная статья к Танидзаки Д. Похвала тени. СПб. 2001.
2. Чаттерджи С., Датта Д. Введение в индийскую философию. М.: Издательство иностранной литературы, 1955.
3. Щепановская Е.М. Мифологические архетипы как ценностное ядро национального менталитета.//Ценности и смыслы №1, 2012.
4. Шабатура Л.Н. трудовая духовность как традиция православной культуры.//Материалы Всероссийской научно-практической конференции 6-7 февраля, Тюмень, 2006.
5. Шадрина С.З., Шабатура Л.Н. Экономическая культура в структуре гуманитарного образования. Екатеринбург, 2002.

Булгакова И.А.
канд. филос. наук
ассистент кафедры философии ТюмГНГУ
Россия, г. Тюмень

РОЛЬ ФИЛОСОФИИ ОБРАЗОВАНИЯ В ИННОВАЦИОННЫХ ПРОЦЕССАХ

На современном этапе, как никогда ранее, возникает необходимость нетривиального подхода к образованию, осмыслению его в онтологических, культурно-исторических и антропологических измерениях, что невозможно вне философской рефлексии. Философия и образование имеют давнюю традицию взаимодействия, начиная с того времени, когда Платон и Аристотель соединили задачу рационального поиска метафизических истин с задачей ретрансляции этого знания. Образование – онтологическая характеристика человеческого бытия, атрибутивное свойство человеческой природы. Сущность человека генетически не задана и обретается в общении, посредством образования как пространстве «второго» рождения человека.

Образование может рассматриваться с разных позиций – психологических или социологических, структуралистических и др. Но оно есть, прежде всего, «лоно» культивирования родовых качеств человека на основе присвоения определенного образца. Образование, как сфера «второго рождения» человека на основе присвоения определенного образа позволяет представить его как конструктивную, практическую антропологию или антропотехнологию (М. Шелер, К. Ушинский, С. Смирнов). Необходимо развивать антропологию образования и воспитания как практическое воплощение философской антропологии.

Одно из перспективных направлений исследований в философии образования – это исследование моделей образования, основанные на эссенциальном подходе, которые разрабатывает И.Н. Степанова. Она пишет: «Но в программах обучения и воспитания всегда заложена определенная модель культурного человека, конкретизирующая идеал человека. Эта модель содержит набор культурных ценностей, норм поведения, знаний и умений, которые должен освоить человек в процессе образования и воспитания» [4, С.305]. Этот исследователь выделяет модели понимания сущности человека, которые и детерминируют идеал человека, такие как соматизм, социологизм, психизм, спиритуализм, интегратизм.

Мне представляется возможным решение вопроса, связанные с образовательным идеалом в плоскости феноменологии творчества. Философия образования должна ответить на вопрос: «Каким образом самому человеку пробудиться и подняться, развиться и усовершенствоваться, как именно креативному субъекту в большей полноте обрести творческий способ бытия, способ бытийственно - креативно относиться к миру и самому себе?» [1, С.99].

Содержательно образование предстает как овладение всеобщими схемами деятельности (от простейших операций до метафизических актов) в их национально-этическом, стадиально-эпохальном и функционально-профессиональном выражении с целью включения индивида в многообразные социально-культурные тотальности.

По нашему глубокому убеждению – это формирование творческого отношения к жизни и себе, формирование креативного мышления. Современная система образования воспроизводит репродуктивный стиль мышления или, как его называет В.В. Давыдов в книге «Виды обобщений в обучении» - рассудочно – эмпирический. Все, так называемые, реформы образования, которые в результате свелись к засилью тестирования, формируют формальный, обыденный, репродуктивный стиль мышления.

Философия как учебный предмет должна раскрывать культуротворческие способности учащихся. Методологической основой такого подхода является принцип творческой самодеятельности, обоснованный С.Л. Рубинштейном: «…вместо догматического сообщения и механической рецепции готовых результатов, копирование данных образцов – одна лишь бездеятельная и бесплодная рецептивность, - должна быть заменена системой, основа и цель которой – развитие творческой самодеятельности»[3,С.89]. Философско-антропологической основой такого подхода является культуротворческий эссенциализм, основные принципы которого разработаны в кандидатской диссертации «Антропология воспитания в русской культуре» Булгаковой И.А.

По мнению Т. Парсонса, вслед за промышленной революцией (дифференцирующей экономическую и политическую систему) и демократической (отделяющей социальное сообщество от политической системы) следует образовательная революция, призванная отделить от социального сообщества подсистему воспроизводство культурного образца. Статус философии образования еще не определен, можно сказать, что эта отрасль философии не обрела реальности, но, тем не менее, насущные потребности преобразования системы образования и воспитания, делают необходимым развитие концептуального обоснования инновационных процессов в профессиональном образовании.

Литература:

1. Батищев Г.С. Философская концепция человека и   креативности в наследии С.Л. Рубинштейна // Вопросы философии. 1989.- №4. – 96 – 110.
2. Кант И. Трактаты и письма. М.. 1980.

3. Москвитин А.Ю. Наличные формы присутствия философии в современной российской высшей школе // Философское образование на Дальнем Востоке. – Владивосток., - 2000. – С.114.

4. Рубинштейн С.Л. Принцип творческой самодеятельности. К философским основам современной педагогики // Вопросы философии. – 1989. - №4. – С. 89 – 94.

5. Степанова И.Н. Философско-антропологические основы стратегий образования и воспитания. Курган, 2003.

Томина Е.В.
доцент, к.х.н.
Бурцева Н.А.
магистрант
ФГБОУ ВПО «Воронежский государственный университет»

МИКРОВОЛНОВЫЙ СИНТЕЗ И ЛЮМИНЕСЦЕНТНЫЕ СВОЙСТВА ОРТОВАНАДАТА ИТТРИЯ, ЛЕГИРОВАННОГО ЕВРОПИЕМ

В настоящие время актуальной задачей является разработка новых методов синтеза материалов с люминесцентными свойствами, позволяющих не только обеспечить химическую однородность, но и снизить энергозатраты и сократить время получения конечных многокомпонентных продуктов. Люминофоры на основе ванадиевых соединений представляют интерес в связи с высокой химической инертностью и прозрачностью в широком оптическом диапазоне. Весьма перспективна в плане ускорения процессов синтеза соединений d-металлов микроволновая обработка [1,911]. Микроволновое излучение стимулирует разложение солевых прекурсоров, дегидратацию и синтез многокомпонентных соединений. При этом удается добиться снижения энергетических и временных затрат по сравнению с твердофазным методом, который требует высокой температуры (до 1200°С) и длительного (до 5 ч) времени обработки [2,34;3,1415].

В связи с этим **целью данной работы** являлся синтез ортованадата иттрия под действием микроволнового излучения с последующим легированием европием. Под действием микроволнового излучения происходит разложение кристаллогидратов неорганических солей до оксидного продукта только в том случае, если образование оксида начинается до удаления всей содержащейся в системе воды. Этому требованию удовлетворяют кристаллогидраты нитратов 3d-металлов, поэтому для синтеза ортованадата иттрия в качестве прекурсора использовали кристаллогидрат нитрата иттрия $Y(NO_3)_3 \cdot 6H_2O$ [1,913].

Навеску оксида ванадия (V) (чда) растворяли в гидроксиде натрия (чда), добавляли стехиометрическое количество $Y(NO_3)_3 \cdot 6H_2O$ и воздействовали микроволновым излучением. При легировании европием в реакционную систему вводили нитрат европия в соотношении к ортованадату иттрия 0,087:1. Синтезированный продукт отжигали при 300°С в течение 1 ч с целью кристаллизации аморфной фазы. По данным РФА (рентгеновский дифрактометр Termo-scientific ARL X'tra) порошок представляет собой в основном YVO_4 (d=3,562; d=2,675; d=1,832). Однако имеются небольшие пики, отвечающие V_2O_5 и V_5O_9, что, вероятно, связано с неполным взаимодействием оксида ванадия (V) с гидроксидом натрия.

Методом просвечивающей электронной микроскопии «ЭМВ-100 БР» (рис. 2) установлено, что размер частиц YVO_4 находится в диапазоне 50-300 нм, причем наблюдается достаточно сильная агломерация.

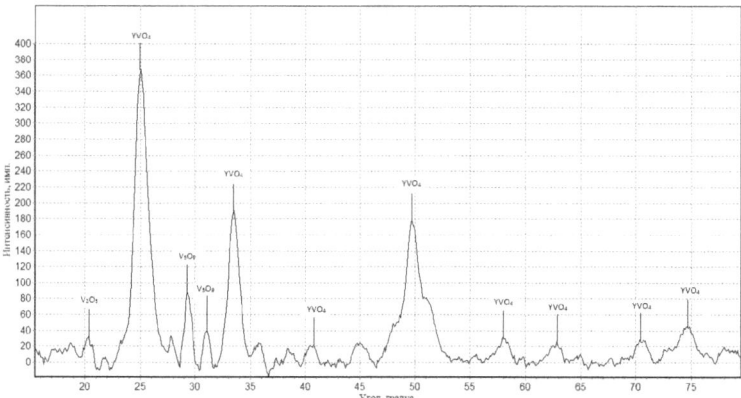

Рис. 1. Рентгеновская дифрактограмма порошка YVO_4 после отжига при 300°C, 1 час

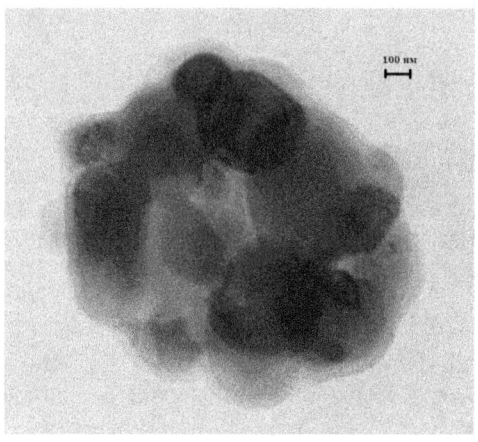

Рис. 2. Микрофотография (ЭМВ-100 БР) порошка YVO_4, полученного микроволновым синтезом

Спектры люминесценции ванадата иттрия, легированного европием (рис. 3), исследованы с применением автоматического спектрально-люминесцентного комплекса. Регистрацию слабых потоков люминесценции осуществляли фотоэлектронным умножителем ФЭУ-R928P ("Hamamatsu"), работающим в режиме счета фотонов. Возбуждение люминесценции исследуемых образцов осуществляли диодным модулем HPL-H77GV1BT-V1 (λ_{max}=380 нм, P_{max}=5 мВт). Спектр YVO_4 , содержащий 8 ат. % европия, имеет 3 полосы: оранжевую (в области 590 нм), красную (615-618 нм) и дублет при 700 нм. Наиболее интенсивные пики наблюдаются на электрическом дипольном переходе $^5D_0$-$^7F_2$ на длинах волн 615 и 618 нм. В области 650 нм наблюдаются слабые линии, соответствующие магнитному дипольному переходу $^5D_0$-$^7F_3$[1,92;4,330].

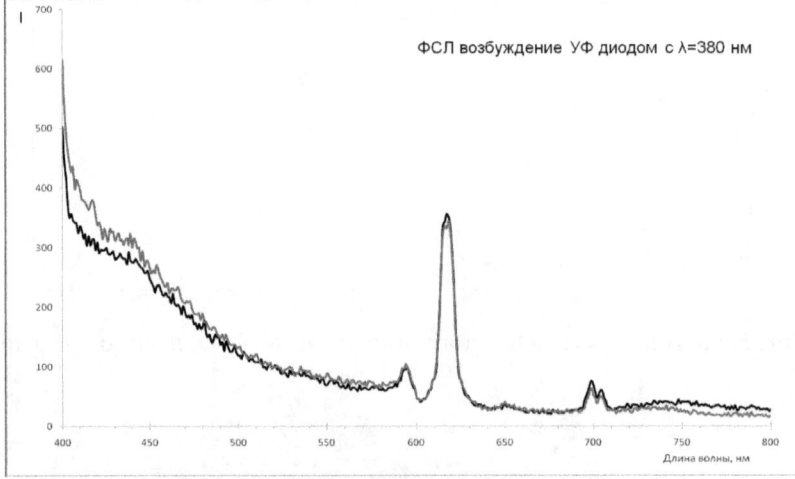

Рис. 3. Спектры люминесценции YVO_4:Eu 8 ат. %

При увеличении концентрации европия в матрице ванадата иттрия больше 8 ат. % начинают развиваться эффекты концентрационного тушения, которые приводят к уменьшению квантового выхода люминесценции вследствие безызлучательной деградации энергии по механизму внутренней конверсии.

Литература

1. Третьяков Ю.Д. Развитие неорганической химии как фундаментальной основы создания новых поколений функциональных материалов// Журн. успехи химии.- 2004.- Т.73, №9. – С. 899-914.

2. Фотиев А.А., Шульгин Б.В., Москвин А.С., Гаврилов Ф.Ф. Ванадиевые кристаллофосфоры. Синтез и свойства. М.:Наука.1976. 205 с.

3. Рюмин М. А. , Пухкая В. В. , Комиссарова Л. Н. Синтез сложных молибдат-фосфатов калия-иттрия $K_2Y_{1-x}Eu_x(MoO_4)(PO_4)_{0,9}(VO_4)_{0,1}$ и исследование их люминесцентных свойств// Журн. неорган. химии.-2011.-Т.56, №9.- С. 1415-1422.

4. Михайлов М.Д., Мамонова Д.В., Колесников И.Е., Маньшина А.А. Синтез наночастиц YVO_4: EU в солевом расплаве и их люминесцентные свойства // Современные проблемы науки и образования. – 2012. – № 5.- С. 326-333.

УДК 547.315

Сахаутдинов И.М.
с.н.с., ИОХ УНЦ РАН, г. Уфа, ioh039@mail.ru,
Гумеров А.М.
аспирант, ИОХ УНЦ РАН, г. Уфа,
Маликова Р.Н.
магистрант, БашГУ, г. Уфа,
Гибадуллина Г.Г.
студент, БашГУ, г. Уфа,
Несговорова М.С.
студент, УГНТУ, г. Уфа,
Юнусов М.С.
академик РАН, ИОХ УНЦ РАН, г. Уфа

ГИДРАТАЦИЯ АЛЛЕНОАТОВ, ПОЛУЧЕННЫХ НА ОСНОВЕ N-ФТАЛИЛ- α, β, γ- НЕРАЗВЕТВЛЕННЫХ АМИНОКИСЛОТ

Ярким примером присоединения воды к органическим молекулам является реакция Кучерова. Реакция лежит в основе промышленного способа получения ацетальдегида из ацетилена, в данный момент почти не применяется из-за вредности катализатора. В связи с этим актуальными являются фундаментальные исследования в направлении необратимого присоединения воды к органическим молекулам и поиск более экологичных и дешевых катализаторов.

В данной работе рассмотрены особенности взаимодействия воды с алленоатами 1, 3, 4 полученных на основе N-замещенных аминокислот при конвекционном нагреве, ультразвуковом облучении и использовании диметиланилина в качестве катализатора. Аллены присоединяют воду в строгом соответствии с правилом Марковникова, однако известно, что реакция идет при использовании серной кислоты или солей ртути [1, 3 и 15; 2, 29]. Нами обнаружено, что алленоат **1** растворяется в теплой воде, и кипячение в течение часа приводит к образованию метил-4-(1,3-диоксо-1,3-дигидро-2*H*-изоиндол-2-ил)-3-оксобутаноат **2** (Схема 1).

Схема 1

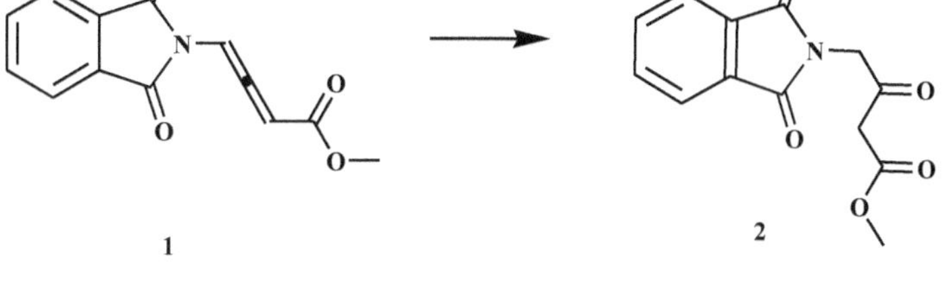

Использование ультразвукового излучения и диметиланилина (ДМА) приводит к увеличению выхода целевого продукта (Таблица 1).

Таблица 1. Влияние конвекционного, ультразвукового воздействия и ДМА на гидратацию алленоата **1**

Условия	Выход %, **2**
H_2O, 100°C, 1 ч	25
H_2O, 100°C, 3 ч	25
H_2O, ultrasound,1ч	28
H_2O, ultrasound,3ч	35
H_2O ДМА, ultrasound, 1ч	52

Проведение гидратации гомологов **1** алленоатов **3, 4** при кипячении в течение 3 часов приводит к метил-5-(1,3-диоксо-1,3-дигидро-2*H*-изоиндол-2-ил)-3-оксопентаноат **5** и метил-5-(1,3-диоксо-1,3-дигидро-2*H*-изоиндол-2-ил)-3-оксогексаноат **6** с выходами 30 и 53% соответственно (Схема 2).

Схема 2

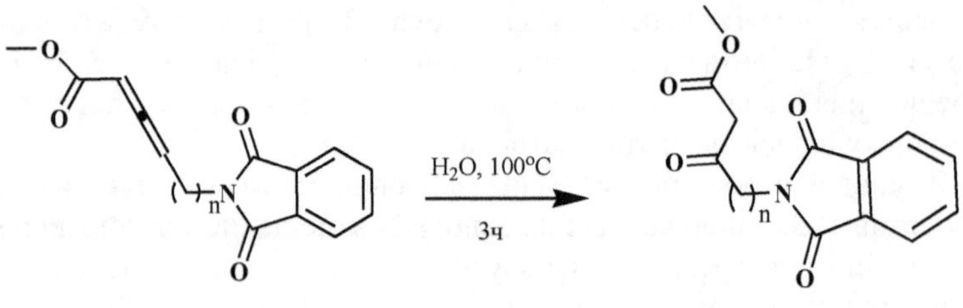

3, 4 H_2O, 100ºC, 3ч   5(30%), 6(53%)

n=1 (**3, 5**)
n=2 (**4, 6**)

Структуры полученных соединений установлены на основе данных ИК-, масс-спектрометрии, ЯМР-спектров с использованием методов гомо- и гетероядерных двумерных корреляций *COSY, NOESY,* HSQC, HMBC и ^1H-^{15}N-HMBC и элементного анализа.

Работа выполнена при финансовой поддержке гранта Президента РФ для поддержки молодых российских ученых и ведущих научных школ РФ НШ-7014.2012.3.

Литература

1. Caserio M.C. In: Selective Organic transformation. Ed. dy B.Thyagarajan. New York,Marcel Dekker, Inc., 1971, p. 240-295.
2. Петров А.А., Федорова А.В., Успехи химии, 1964, т.33, с. 1-27.

Т.С. Юдахина[1]**, П.П. Пурыгин**[2]

1. Самарский государственный университет, аспирант, e-mail: utschem-2007@mail.ru.

2. Самарский государственный университет, д.х.н., профессор.

2-ФТАЛИМИДОЭТАНСУЛЬФОНИЛФТОРИД В СИНТЕЗЕ НЕКОТОРЫХ ПРОИЗВОДНЫХ ТАУРИНА

В связи с высокой фармакологической активностью таурина (2-аминоэтансульфоновая кислота) отечественными и зарубежными учеными проводятся интенсивные работы по созданию новых биологически активных веществ на основе данной аминокислоты.

Таурин слабо проникает через гематоэнцефалический барьер и быстро инактивируется в организме. Поэтому большой интерес представляет создание новых оригинальных соединений на основе данной аминокислоты, обладающих более высокой эффективностью и низкой токсичностью. Такими соединениями могут быть производные таурина, замещенные по аминогруппе, по сульфоновой группе, либо по обеим группам одновременно. Введение различных заместителей по указанным группам может значительно расширить спектр биологической активности для производных таурина [1, 112].

С другой стороны, гетероциклические амиды органических и неорганических кислот – азолиды – широко применяются в различных отраслях медицины [2, 13] и промышленности. Данные соединения проявляют антибактериальную активность, используются как пестициды, фунгициды, гербициды, ингибиторы моноаминоксидазы, фармакофоры для антигельминтных препаратов и анальгетиков [3, 481].

Кроме того, азолиды сульфоновых кислот могут представлять интерес как промежуточные продукты в синтезе амидов и сложных эфиров *N*-замещенного таурина.

В связи с вышеизложенным нами были синтезированы ранее не описанные в литературе азолиды 2-фталимидоэтансульфоновой кислоты (**VIa-f**) с целью изучения их физико-химических характеристик и биологической активности. Синтез соединений **Va-f** проводили по схеме:

Ht = Im; 2-MeIm; 2-*i*PrIm; 4-MeIm; BzIm; 1,2,4-Tri
    a   b   c   d   e   f

Тонкослойную хроматографию проводили на пластинках с силикагелем Kieselgel 60 F254 Merck (Германия) в системе дихлорметан/ацетон=10/1, проявление проводили с помощью ультрахемископа «Хроматоскоп М» при λ = 254 нм и в иодной камере.

Инфракрасные спектры синтезированных соединений регистрировали на ИК Фурье-спектрометре Perkin Elmer Spectrum 100 (США) в таблетках KBr. Спектры ^{1}H ЯМР регистрировали на приборе Bruker AM300 SF Bruker, (ФРГ) при рабочей частоте 300 МГц. В качестве растворителя применяли ДМСО-d$_6$.

2-Фталимидоэтансульфонат натрия (II), 2-фталимидоэтансульфо-нилхлорид (III) и *N*-триметилсилилазолы (IVa-f) получали по методикам [4, 1397; 5, 10985; 6, 2807].

2-Фталимидоэтансульфонилфторид (V) [7, 2403]: 2-фталимидоэтансульфонилхлорид **(III)** (5,0 г, 18,2 ммоль) растворили в 100 мл ацетонитрила. К полученному раствору добавили 2,12 г (36,4 ммоль) калия фторида и 0,24 г (0,91 ммоль) эфира 18-краун-6. Затем перемешивали реакционную смесь при комнатной температуре в течение 12 ч. После упаривания раствора получали осадок белого цвета, который далее промыли водой на воронке Бюхнера. Выход 3,19 г (68%). Т.пл. 108-110°C; R_f 0,52.

Азолиды 2-фталимидоэтансульфоновой кислоты (VIa-f) (*общая методика*):

2-Фталимидоэтансульфонилфторид (1.0 г; 0.0039 моль) растворили в 10 мл хлороформа, добавили *N*-триметилсилилимидазол (**Va-f**, 0.0039 моль) и перемешивали реакционную смесь при комнатной температуре, контролируя ход реакции с помощью ТСХ. После упаривания раствора получили осадок белого или светло-желтого цвета.

Литература

1. Гуревич В.С. Таурин и функция возбудимых клеток. Ленинград. Наука: 1986.

2. Арсенян Ф.Г., Степанян Г.М., Гарибджанян Б.Т., Ирадян М.А. // Химико-фармацевтический журнал. 2010. № 4. С.11-18.

3. Staab H.A., Bauer H., Schneider K.M. Azolides in Organic Synthesis and Biochemistry. Wiley-VCH Verlag GmbH & Co. KGaA. 2002. P.481–483.

4. Winterbottom R., Clapp W., Mille W.H. // J. Am. Chem. Soc., 1947, Vol.68. P.1393–1401.

5. Humljan J., Kotnik M. // Tetrahedron. 2006. Vol.62. P.10980–10988.

6. Birkofer L., Richter P., Ritter A. // Chem. Ber. 1960. Bd. 93. S.2804–2809.

7. Arwin J. Brouwer, Tarik Ceylan, Anika M. Jonker, Tima van der Linden, Rob M. J. Liskamp// Boiorganic & Medicinal Chemistry. 2011. Vol. 19. P. 2397-2406.

Головань Е. Н.
аспирант СПбГЭУ (ФИНЭК)
En.golovan@gmail.com

ВНУТРЕННИЙ МАРКЕТИНГ И РОССИЙСКИЙ БИЗНЕС

В конце XX века за рубежом стало развиваться такое направление, как внутренний маркетинг. Возникновение этого раздела менеджмента было вызвано требованиями рынка к компании: из-за технологического прогресса конкуренция из сферы товаров стала переходить на рынок услуг. Чтобы обеспечить высокий уровень обслуживания, необходимы не только организация бизнес-процессов по доставке, продаже и т.д., но грамотное поведение персонала. Привычные теории HR, и, как следствие, сотрудники таких отделов не учитывают многие рыночные факторы и не обладают стратегическим мышлением, и, как следствие, для решения задач компании стал развиваться внутренний маркетинг. Первые исследователи Берри Л. и Парасураман А. (североамериканская школа) делали акцент на философию отношения компании к работнику, как к клиенту [8]. Гренроос К. (Скандинавская школа, 1981) указывал на использование маркетинговых инструментов на внутреннем рынке [7,41]. Рафик М. и Ахмед П. К. (английские ученые) видели задачу внутреннего маркетинга в снижении сопротивления персонала изменениям и объединение сотрудников для реализации стратегии компании [9,220].

Но персонал участвует во всех процессах компании, поэтому подход стал расширяться. М. Брун десятилетием позже (1996) определяет внутренний маркетинг как «систематическую оптимизацию внутрифирменных процессов средствами маркетингового и кадрового менеджмента, ведущую к превращению маркетинга в философию предприятия благодаря последовательной и одновременной ориентации на клиента и персонал». [10,66.]

Сейчас внутренний маркетинг включает в себя такие дисциплины, как непосредственно маркетинг (сервисную теорию), обслуживание клиентов, HR, менеджмент знаний, информационные технологии, корпоративную стратегию, операционный менеджмент и менеджмент качества[6,7]. Определение в таком случае дать довольно сложно. Но основная мысль заключается в том, что, внутренний маркетинг нацеливается на ресурсы и виды деятельности, происходящие в организации, которые влияют на корпоративную культуру и конкурентоспособность, как двигатель для достижения целей компании [6,23].

Необходимо отметить, что такой подход подразумевает определенную стратегию. Так, например, предлагается стратегия IMS (Internal Marketing Strategy), включающая в себя семь компонентов [6,24]: видение, миссия; корпоративная стратегия; процессы, стандарты обслуживания; менеджмент знаний; внутренние коммуникации; HR-стратегия; интеграция внешнего, внутреннего, интерактивного маркетинга.

При этом если рассматривать внутренний маркетинг, как систему, направляющую сотрудников к реализации целей компании, то можно рассмотреть организацию клиентоориентированного подхода (что очень близко к целям успешных развивающихся компаний). В этом случае необходимо учитывать следующие компоненты [12,18-19]:

• Внешне ориентированная культура с доминирующими убеждениями, направленными на повышение покупательской ценности;

• Способность чувствовать рынок, реализующаяся через стратегическое мышление и знания, умения, навыки сотрудников;

• Конфигурация, включающая в себя оргструктуру, бизнес процессы, вспомогательные системы информации, контроля и вознаграждения;

• Общая база знаний, обеспечивающей сбор и распространение информации о рынке.

Таким образом, реализация стратегии внутреннего маркетинга требует системного подхода, значительных ресурсов и достаточное количество знаний в разных областях экономики и менеджмента.

Что же при этом происходит в России? Конкуренция на рынках возрастает, и проблемы эффективной организации персонала становятся более острыми. Но понятие маркетинга не очень прижилось в России. Чтобы оценить развитие внутреннего маркетинга можно обратиться к становлению теории мотивации и предложению ее разработки консалтинговыми компаниями (так как в большинстве случаев именно они используют наиболее передовые технологии бизнеса).

Ряд организаций предлагают тренинги и семинары на заданную тему с использованием KPI [3], выявление однородных групп и декомпозицией целей компании [5], с учетом диагностики и влияния всех уровней управления[1].

Но, тем не менее, происходит расширение подхода к построению системы мотивации. Она уже связана с основными процессами, организационной структурой и привязана к финансовой структуре компании. То есть строится система центров финансовой ответственности (ЦФО), определяются центры затрат, прибыли, инвестирования, и на базе этого разрабатывается система вознаграждений [2;4]. При этом создаются программы, позволяющие учитывать, сопровождать и контролировать подобные системы [4]. Появляются даже проекты в области внутреннего маркетинга, но внешне соглашаясь со всеми мировыми тенденциями внутреннего маркетинга, отечественный бизнес не видит системности в его организации. Например, рассматривая большую часть составляющих этого направления (миссия, имидж организации; подбор, обучение, повышение квалификации персонала, оргструктура и т.д.), компания готова лишь провести оценку лояльности клиентов, а потом организовать несколько семинаров и тренингов и снова провести оценку лояльности, чтобы оценить результат [11,114].

Необходимо также отметить, что построение каких-либо моделей на основе зарубежного опыта часто требует значительной корректировки. Так например, использование двухфакторной модели мотивации Ф. Герцберга при делении факторов на гигиенические и мотивационные может быть не оправданно в российских компаниях. «Так, известно, что для сотрудников российский компаний заработная плата часто является ведущим мотивационным фактором», (а это гигиенический фактор). [13,31].

Но, все таки, российских бизнес может и должен использовать опыт зарубежных коллег, и начинать более широко рассматривать процесс мотивации персонала, связывая его со стратегией, организационной культурой и т.д. И не ограничиваться проведение двух-трех семинаров в год по командообразованию и написанием местной газеты, а перестраивать структуру, процессы, мышление. Это даст гораздо больший эффект, хотя и потребует больших затрат.

Список литературы:

1. Программа кадрового агентства «ДИиКОН» - http://diicon.ru/rus/training_motiv.php

2. Программа компании «Консалтинговые решения» - http://www.consult-in.ru/index.php?option=com_content&task=view&id=23&Itemid=40

3. Программа по разработке системы мотивации компании «Проект «Дельфы» - http://www.delfy.biz/whatwedo/motivation/kpi/

4. «Решение для HR» компании «Инталев» - http://www.intalev.ru/services/motivation/staff/

5. Программа по разработке системы мотивации компании «iTeam» - http://www.iteam.ru/publications/human/section_48/article_2575

6. Dunmore M. INSIDE-OUTMARKETING How to Create an Internal Marketing Strategy. - 1st edition, 2002. - 264

7. Gronroos C. Internal marketing-theory and practice // Services marketing in changed environment/ American Marketing Association, Chicago. – 1985. – P. 41–47

8. Gudmundson, A., Lundberg, C. Internal Marketing: A Way of ImprovingService Quality. // http://padua.wasa.shh.fi/konferens/abstract/d6-gudmundson-lundberg.pdf

9. Rafiq, M. and Ahmed, P.K. (1993), "The scope ofinternal marketing: defining the boundary between marketing and human resourcemanagement" // Journal of Marketing Management, Vol. 9 No. 3, July, pp. 219-32

10. Брун М. Внутрифирменный маркетинг как элемент ориентации на клиента// Проблемы теории и практики управления. – 1996. – № 6.

11. Лебединцева Е.С. Эффективность совершенствования внутреннего маркетинга на предприятиях потребительской кооперации // Российское предпринимательство. — 2008. — № 4 Вып. 2 (109). — 113-117 с.

12. Дэй Дж. С. Организация, ориентированная на рынок: как понять, привлечь и удержать ценных клиентов. – М. Эксмо, 2008. – 304 с.

13. Самоукина Н. Эффективная мотивация персонала при минимальных затратах: сборник практических инструментов. – М. Эксмо, 2011. – 272 с.

И.В. Аракелова

к.э.н., доцент, Волгоградский государственный технический университет,
г. Волгоград,   e-mail: iv.arakelova@gmail.com

ПРОГРАММЫ ЛОЯЛЬНОСТИ В МАЛОМ ПРЕДПРИНИМАТЕЛЬСТВЕ: СУЩНОСТЬ И СОДЕРЖАНИЕ

В настоящее время наиболее успешной формой обеспечения конкурентоспособности малых предпринимательских структур является их объединение в партнерские программы лояльности. Под Программой лояльности мы понимаем сотрудничество между субъектами хозяйствования, осуществляющими свою деятельность в различных отраслях и на различных рынках по удовлетворению потребительских предпочтений в зависимости от участия компаний в Программе лояльности. Программа лояльности основа на добровольном согласии участников представлять льготы потребителям товаров и услуг, тех компаний, которые разделяют лояльное отношение к клиентам друг друга. Обслуживание потребителей фирмами-участниками Программы осуществляется по принципу: «клиент моего партнера – мой партнер». В тоже время, Программа лояльности означает взаимное движение со стороны клиентов, предпочитающих иметь дело с компаниями, участвующими в Программе лояльности, поскольку это сулит им определенные выгоды и особое отношение со стороны компаний к «своим» клиентам. В основе институционального закрепления взаимодействия предпринимательских структур в рамках программ лояльности лежит согласие. По-нашему мнению, лояльность бизнес-партнеров представляет собой особые отношения между партнерами. С одной стороны, каждый партнер понимает свою значимость и ценность в глазах другого партнера. С другой стороны, это сотрудничество несет конкретную выгоду каждому участнику альянса. Для оценки лояльности необходимы и количественные, и качественные показатели, называемые *ключевыми показателями лояльности (КПЛ)*. Для оценки лояльности бизнес-партнеров могут быть использованы такие качественные показатели,как наличие клиентской базы, обратной связи с клиентами, удовлетворенность бизнес-партнеров. Количественные показатели – рентабельность, прибыль, выручка, издержки. Причем, набор КПЛ для каждого партнера определяется индивидуально.

Формула (1) представляет собой средний балл оценки выгоды в отношениях.

$$Rb2b = \frac{1}{m} * \sum_{i=1}^{m} Ri * ai \ (1)$$

где R b2b – средняя оценка выгоды бизнес-партнера (b2b);
m – количество рассматриваемых ключевых показателей   лояльности

(КПЛ),

R_i - экспертная оценка i-го показателя (КПЛ),

a_i – коэффициент важности i-го показателя (КПЛ).

В предлагаемой нами методике каждый из приведенных показателей оценивается от 1 до 5 баллов: 1 балл - очень низкое значение данного показателя; 2 балла – низкое значение данного показателя; 3 балла – среднее значение данного показателя; 4 балла – высокое значение данного показателя; 5 баллов – очень высокое значение данного показателя.

В работе Л.С.Шаховской «Мотивация труда в переходной экономике» предложена схема, характеризующая структуру деятельности персонала.[1,с.13]. По-нашему мнению, эта схема носит универсальный характер и применима для отношений в партнерстве (альянсе) в бизнесе. Таким образом, в основе эффективного и лояльного бизнес-партнерства лежат ценности, потребности, мотивы, интересы, стимулы, что отражено на рис.1.

Ценности ⟶ Потребности ⟶ Мотивы ⟶ Интересы ⟶ Стимулы

Рис.1 Схема механизма взаимодействия партнеров в бизнес-партнерстве [2,с.87]

В представленном механизме, ценности, потребности, интересы (выгоды) составляют сущность системы мотивов. С точки зрения экономической науки, мотив - это форма проявления потребности, уже осознанной, которая сформировалась под воздействием внешних условий и в то же время является побуждением к действию [1,с.14]. По нашему мнению, ценности влияют на осознание потребности и формируют интерес. Внешним воздействием, влияющим на формирование потребности, являются интересы (выгода) и стимулы. Таким образом, в мотиве ценности, потребности, интересы и стимулы связаны в неразрывном единстве, взаимно друг друга предполагая. Практическая деятельность требует выделить основное звено, воздействие на которое позволило бы побудить к действию и сотрудничеству. Сегодня таким звеном, на наш взгляд, являются *ценности.* Формирование лояльности бизнес-партнеров друг к другу в рамках партнерской программы предполагает применение ценностного подхода. Данный подход опирается на семь ценностей, которые должны разделять партнеры [3,с.8]:

1)*Прибыль.* Собственники бизнеса всегда заинтересованы в развитии своего дела, его прибыльности, иначе теряется смысл работы.

2)*Доверие* как особое отношение к клиентам, которое индивидуализирует бизнес-процесс, формирует доверительные отношения компании и потребителей, в том числе персонала с уже имеющимися постоянными клиентами.

3) *Этичность* как создание ценности компании для персонала (HR). Успешность деятельности компании во многом зависит от мотивации,

квалификации и подготовленности персонала, непосредственно контактирующего с потребителем. Следовательно, руководство предприятия должно учитывать цели, ценности и интересы сотрудников, обеспечивать качество жизни работников, вовлекать их к достижению целей предприятия, подчеркивать значимость каждого сотрудника для общего успеха.

4)*Ответственность,* под которой мы понимаем социальную ответственность бизнеса перед обществом. Подразумевается утверждение принципов честного, цивилизованного бизнеса, обеспечение высокого качества и конкурентоспособности товаров/услуг потребителям, реализация стратегии компании в социальной сфере, развитие интеллектуального и духовного потенциала общества. Представители российского бизнеса все яснее осознают, что их благосостояние напрямую зависит от благополучия населения. Корпоративная социальная ответственность перед обществом напрямую влияет на деловую репутацию компании.

5)*Прозрачность,* то есть применение в деятельности компании прозрачных принципов корпоративного управления, понятных персоналу, клиентам, партнерам, органам власти.

6)*Толерантность*, определяемая как уважение мнения и интересов партнера альянса.

7)*Согласие* — «принятие единых принципов, подходов, норм, правил, которые обеспечивают совместное достижение собственных интересов с наименьшими трансакционными издержками».[4,c.45].

Необходимо отметить, что стратегическое партнерство имеет свои этапы развития, свой жизненный цикл (ЖЦ). Что подтверждает и опыт партнерской программы лояльности «Царичане», реализуемой Центром экономических исследований на базе кафедры «Мировая экономика и экономическая теория» при Волгоградском государственном техническом университете. В начале, на первом этапе, партнеры устанавливают доверительные отношения, присматриваются друг к другу. На втором этапе, имея уже положительный опыт сотрудничества, возникает уверенность в партнере, интересы и цели совпадают. Появляется все больше совместных проектов. По мнению экспертов и «мировая практика показывает, что альянс следует рассматривать как временное явление (от 5 до 10 лет), лучше продлевать его действие, если это выгодно, но в то же время не стоит спешить разорвать его при достижении своих целей»[5,c.147]. Таким образом, жизненный цикл партнерства в Программа лояльности можно разделить на следующие стадии: зарождение, рост, зрелость, спад. Продолжение или ликвидация альянса решается в каждом конкретном случае индивидуально. Появление новых стратегических партнеров на стадии спада, либо зрелости позволит сохранить партнерство и наполнит его перспективными, взаимовыгодными проектами.

Партнерские программ лояльности активно используются в международной практике и доказали свою эффективность. Россия тоже готова к реализации этих программ. Сформирована нормативная база, регламентирующая процедуру партнерства. Партнерская программа лояльности подразумевает утверждение принципов честного, цивилизованного бизнеса, обеспечение высокого качества и конкурентоспособности товаров/услуг потребителям, направлена на реализацию стратегии компании в социальной сфере, на участие компании в развитии интеллектуального и духовного потенциала общества и, как следствие, формирование гражданского общества.

Литература

1. *Шаховская, Л. С.* Мотивация труда в переходной экономике: монография / Л. С. Шаховская; науч. ред. С. А. Ленская. – Волгоград: Перемена, 1995. – 184с.

2. Программы лояльности как форма социальной ответственности бизнеса перед обществом : монография / Л.С. Шаховская, И.А. Морозова, А.Ф. Джинджолия, И.И. Решетникова, И.В. Аракелова, А.А. Сергеев; ВолгГТУ. - Волгоград, 2012. - 132 с.

3. Шаховская, Л.С. Общественные ресурсы экономического развития: потенциал общества или потенциал бизнеса? / Л.С. Шаховская, И.В. Аракелова // Известия ВолгГТУ. Серия "Актуальные проблемы реформирования российской экономики (теория, практика, перспектива)". Вып. 12 : межвуз. сб. науч. ст. / ВолгГТУ. - Волгоград, 2011. - № 14.- 196 с.

4. Лебедева, Н.Н. Институциональный механизм экономики: сущность, структура, развитие [Текст]: [монография] / Н.Н. Лебедева. - Волгоград: Изд-во ВолГУ, 2002. – 120с.

5. Солодков Г.П. Международный бизнес: организация и управление: учебное пособие /Г.П.Солодков, Э.Т.Рубинская, Э.Д. Рубинская.-Ростов н/Д: Феникс, 2009.-379с.- (Высшее образование).

6. Gijselinckx, C. Membership coopératif et loyauté/ C.Gijselinckx/le Chaire Cera en Entrepreneuriat et management en Economie Sociale (E-Note).- № 7, 2009.- P.3

Исмагилов Д.Д.
аспирант кафедры «Национальная экономика»
БашГУ, г. Уфа
Лобанова В.А.
к.э.н., доцент кафедры «Национальная экономика»
БашГУ, г. Уфа

ПРЕОБРАЗОВАНИЯ ЭКОНОМИЧЕСКИХ КЛАСТЕРОВ В ПРОЦЕССЕ ИХ РОСТА И РАЗВИТИЯ

Проблема недостаточной изученности экономических кластеров ставит задачей выявление особенностей, возникающих при их росте и развитии. На наш взгляд, в процессе эволюции кластер проходит четыре этапа: региональный уровень, межрегиональный уровень, национальный уровень, международный уровень.

Особенностью первого этапа развития кластерных образований выступает то, что в их структуре выделяется лишь одна периферия, то есть это наличие промышленных локальных комплексов, расположенных в пределах небольшой территории, находящихся на небольшом расстоянии друг от друга и взаимосвязанных между собой через ядро кластера.

В разных регионах могут существовать родственные кластеры. По своей структуре, способам и характеру взаимодействия, организации предприятий и экономико-правовым формам они могут отличаться, но выпускаемый продукт будет аналогичным. Такие кластеры конкурируют между собой за право быть кластером национального и международного значения. На определенном этапе, когда важными становятся вопросы конкуренции среди компаний-гигантов и становится необходимостью взаимное использование имеющихся мощностей и инфраструктуры, региональные кластеры образуют межрегиональный кластер. Происходит преобразование, формируется несколько периферий, что предполагает переход ко второму этапу развития.

При этом между региональными кластерами возникают тесные связи. Синхронизируется производственная часть, комбинируются новые составляющие кластера, происходит взаимообмен ноу-хау и дополнение структуры кластера недостающими звеньями. Сформировавшиеся ядра кластеров организуют совместную деятельность друг с другом путем проведения общих встреч, обсуждений.

В случае образования межрегионального кластера из двух и более кластеров регионального значения возможны следующие варианты взаимодействия. Региональный кластер, чей научный, образовательный и производственный потенциал выше, поглощает кластер с меньшим потенциалом. При таком исходе остается одно ядро, а также две и более периферии. Также возможно слияние кластеров, что представляет собой интеграцию некоторых частей кластера с сохранением структур кластеров, входящих в новое образование.

Между ядрами кластеров возникают тесные взаимосвязи и взаимообмен информацией. Ядра остаются формальными и ведут свою деятельность самостоятельно. Изменению подлежит управляющая подсистема. С другими элементами ядер региональных кластеров происходит механическое сложение их составных частей. Взаимодействие ядер при трансформации региональных кластеров в межрегиональный показано на рис. 1.

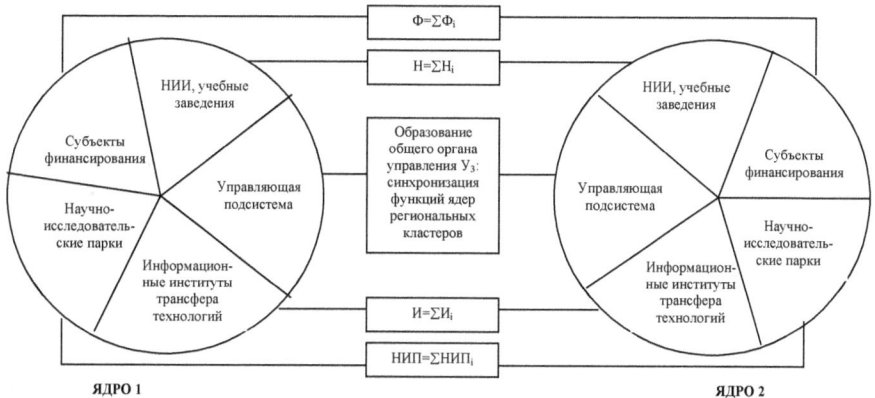

Ф - субъекты финансирования; Н - научные учреждения, учебные заведения; И - информационные институты трансфера технологий; НИП — научно-исследовательские парки; i – номер, соответствующий субъекту; У₃ – управляющая подсистема, создаваемая для координации действий, выработки общих направлений развития региональных кластеров.

Рис. 1 Взаимодействие составляющих элементов ядер региональных кластеров при образовании межрегионального кластера

Достигнутые соглашения о партнерстве, межрегиональные акты о сотрудничестве, совместное использование производственных и научно-исследовательских площадок не исключают конкурентной борьбы, а лишь определяют общее направление усилий экономических структур, улучшают конкурентные позиции межрегионального кластера. Приобретение большего значения для экономик регионов, расширение своей сферы влияния переводят кластер на другой уровень.

Национальный кластер фактически уже приобретает международный уровень, так как продукция либо услуга продвигаются на рынки других стран с момента существования кластера низшего порядка. Поэтому для кластеров межрегионального, национального и международного значения грань не существенна. Национальный кластер может быть международным, не имея производственных баз за границей.

Формирование периферии кластера в странах характерно для транснациональных компаний. Фирмы-лидеры при экспорте продукции с малыми транспортными издержками создают торговые связи с фирмами других стран. В этом случае образуется часть периферии, включая готовые объекты инфраструктуры и торговый сектор. В периферии главным образом мобильностью обладает промышленная часть. Все другие звенья периферии, как правило, уже существуют. Передаче, переходу подлежит материальная составляющая, оборудование, технология изготовления продукта, сам продукт, а также культура производства и сервис.

Успех национального кластера, заключаемый в спросе на свою продукцию в других странах, преобразует кластер в международный. Компания Форд имеет свои производственные базы по всему миру. Периферия – заводы по сборке машин на конвейерах, являются выгодными, так как используется дешевая рабочая сила, ресурсы, интегрируются местные заводы. К компаниям международных кластеров можно также отнести фирмы Нестле, Кока-Кола, Мак-Дональдс. Их объединяет то, что центры этих компаний, научно-исследовательская база расположены в месте их зарождения.

Для страны, на территории которой образуется периферия международного кластера, имеются положительные и отрицательные моменты. Организация высокотехнологичного производства, занятость населения, обучение сотрудников новой философии поведения, налоговые поступления в бюджет, «оживление» предприятий-партнеров, безусловно, являются желательными эффектами. С другой стороны, возникновение чуждой периферии для открытых экономик выступает вызовом. Превращение экономики в ресурсную и промышленную составляющую часть других экономик, по сути, лишает страну потенциала и делает ее неконкурентоспособной.

Положительно то, что появление промышленной части компании с мировым именем может подстегнуть отрасли экономики к новому развитию и росту. Сотрудничество иностранного предприятия с отечественными организациями повышает качество изготавливаемых изделий, полуфабрикатов, что ведет к улучшению технологии. Образуется среда «подготовленных» производств, чей общий потенциал выше прежнего. Переданные навыки и знания становятся важным конкурентным преимуществом. При этом возникновение новой идеи, появление новшества с легкостью может быть подхвачено и реализовано.

Рассмотрение процесса развития экономических кластеров путем разделения его на отдельные этапы позволяет исследователю понять особенности преобразований, разработать комплекс мер для поддержки и принятия важных решений, инициализации необходимых изменений.

Беленова Н.Н.
доцент, к.э.н., кафедра экономики труда и основ управлении
Воронежского государственного университета

ФОРМИРОВАНИЕ СИСТЕМЫ КОМПЕТЕНЦИЙ УПРАВЛЕНЧЕСКОГО ПЕРСОНАЛА ОРГАНИЗАЦИИ

Для успешного функционирования любой организации необходимо анализировать квалификационный уровень, компетенции и результаты деятельности каждого конкретного менеджера. В этой связи особую актуальность приобретает анализ компетенций и анализ эффективности деятельности управленческого персонала, что позволит выявить сильные и слабые стороны руководства, резервы роста производительности труда, определить оптимальный численный состав, координировать деятельность в соответствии с потребностями. Анализ профессиональной компетенции позволяет сочетать разобщенные функции, такие как: подбор и отбор специалистов, развитие персонала, проведение оценки результатов работы, аттестация персонала, закрепленные за различными структурными подразделениями организации в едином комплексе оценки эффективности работы управленческого персонала. Система аналитических компетенций, как инструмент в управлении персоналом, позволяет напрямую связать организацию управления человеческими ресурсами с бизнес-целями хозяйствующего субъекта как в текущем периоде, так и в перспективе и обеспечивает согласованность функционирования всех структурных подразделений [1,235].

Система аналитических компетенций включает несколько этапов: оценка профессионального потенциала персонала; анализ соответствия профессиональных компетенций персонала и индивидуальной результативности; разработка программы развития знаний, умений и навыков и профессионально важных качеств; мониторинг изменений.

Анализ эффективности системы мотивационного воздействия необходимо сопровождать мониторингом удовлетворения потребностей управленческого персонала через оплату труда, достижение более высокого статуса и результатов деятельности.

Оценивать результаты труда управленческого персонала необходимо с учетом их способности оказывать непосредственное влияние на деятельность какого-либо структурного подразделения или организации в целом. При этом огромное значение имеет правильное определение количественных и качественных показателей, отражающих результаты трудовой деятельности персонала для достижения стратегических целей организации.

Формирование системы компетенций начинается с анализа внешнего окружения и ситуации внутри организации. Величина и качественный состав управленческого персонала формируется под воздействием ряда факторов, которые можно объединить в несколько групп: внешние и внутренние, количественные и качественные [2,214]. Помимо анализа внешних и внутренних факторов, необходимо структурировать персонал, учитывая компетенции сотрудников в соответствии с целями, намерениями и положением организации, и сформулировать желаемую модель профессионального поведения сотрудника. Профессиональные компетенции необходимо рассматривать в тесной связи с этапами работы сотрудников и их должностными инструкциями.

Наиболее распространенной классификационной группировкой можно считать распределение управленческого персонала по квалификационной и половозрастной структуре. Структуру персонала по стажу следует рассматривать как по общему стажу работы, стажу работы в данной организации и управленческому. Общий стаж группируется по следующим периодам: до 14 лет, 14-20, 21-25, 26-30, 31 − 40 лет и более. Стаж работы в данной организации характеризует стабильность трудового коллектива. Статистика выделяет следующие периоды: до 1 года, 1-4, 5-9, 10-14, 15-19, 20-24, 25-29, 30 лет и более. Управленческий стаж рекомендуется анализировать с выделением следующих групп менее трех лет, свыше трех лет [4,119].

Структура управленческого персонала по уровню образования подразумевает минимальный уровень образования, как среднее общее. Однако, чем выше уровень занимаемой должности, тем выше требования к квалификации сотрудника, что приводит к необходимости получения основного и дополнительного образования с непрерывным повышением квалификации.

Развитие профессиональных компетенций и компетентности менеджера предполагают освоение и применение комплекса современных профессиональных знаний и практических навыков, овладение эффективными методами профессионального поведения и технологиями. Универсальность системы профессиональных компетенций как инструмента анализа эффективности деятельности управленческого персонала заключается в следующем:

▪ связывает систему управления персоналом с бизнес-целями организации, как на краткосрочный, так и долгосрочный период;

▪ обеспечивает системное взаимодействие персонала организации, ориентированное на достижение максимальных финансовых результатов деятельности;

▪ применяется к хозяйствующим субъектам различных организационно-правовых форм хозяйствования, обеспечивая единство и согласованность в работе всех структурных подразделений организации;

▪ достигается унификация знаний, навыков, установок, ориентации в рамках единых должностных обязанностей сотрудников [3,175].

По нашему мнению, набор профессиональных компетенций управленческого персонала следует подразделять на реальный и потенциальный. Под реальным уровнем профессиональных компетенций следует понимать набор характеристик, сочетание знаний, навыков, установок, ориентации сотрудника, которыми он обладает на текущий момент согласно самооценке или мнению ведущих специалистов его квалификации. Проведение работы по формированию навыков, необходимых для повышения уровня компетенции отдельного сотрудника до желаемого уровня хозяйствующего субъекта позволяет ему достигать потенциального уровня профессиональных компетенций. Потенциальный уровень компетенций достигается в ходе аттестаций, повышения квалификаций и получения профессионального дополнительного образования сотрудником в рамках необходимой квалификации и должностных обязанностей, зафиксированных в трудовом договоре и должностной инструкции.

Таким образом, с учетом профессиональных компетенций на этапах анализа, при выборе критериев оценки эффективности деятельности управленческого персонала необходимо учитывать, что специалисты вырабатывают и подготавливают решения, служащие их оформляют, а руководители принимают решения, оценивают их качество и контролируют сроки выполнения. Необходимый (достаточный) уровень профессиональной компетенции обеспечивает желаемую модель профессионального поведения сотрудника хозяйствующего субъекта. Желаемый уровень достигается при мастерском владении профессией. Достижение потенциально возможного уровня профессионального мастерства способствует карьерному росту в рамках профессии.

Список литературы:

1. Андронов, В.В. Корпоративный менеджмент в современных экономических отношениях / В.В. Андронов; [под науч. ред. В.С. Балабанова]. – М. : ЗАО «Изд-во «Экономика», 2003. – 479 с.
2. Кибанов А.Я. Управление персоналом организации: стратегия, маркетинг, интернационализация: учеб. пособие. / А.Я. Кибанов, И.Б. Дуракова. – М. : ИНФРА-М, 2007. – 301 с.
3. Одегов Ю.Г. Аудит и контроллинг персонала: учеб. пособие/ Ю.Г. Одегов, Т.В. Никонова. - М. : Экзамен, 2004. – 312 с.
4. Хьюберт К. Рамперсад Универсальная система показателей деятельности / Хьюберт К. Рамперсад; [пер. с англ.] - 2-е изд. - М. : Альпина Бизнес Букс, 2005. – 364 с.

Молчанова А.К.
студент ВолгГТУ; mlcalina@mail.ru
Хрысёва А А.
доцент, кандидат экономических наук

ОСОБЕННОСТИ СОВРЕМЕННОГО МАРКЕТИНГА В ИНДУСТРИИ РАЗВЛЕЧЕНИЙ

Актуальной темой для индустрии развлечений и СМИ является изменение в поведении потребителей, обусловленное наступлением цифровой эпохи. Активное использование цифровых форматов и Интернета привело к тому, что современный потребитель предъявляет особые требования к развлекательным сервисам. В частности, он хочет:

– Смотреть, читать и слушать именно то, что он пожелает и тогда, когда и него возникает такое желание;

– Иметь доступ к контенту и пользоваться им одновременно с помощью нескольких устройств и каналов связи;

– Делиться актуальными медийными впечатлениями с другими пользователями, изменять и котролировать информацию;

– Получать контент на правах аренды, а не прямой собственности.[1,7]

Эти характеристики усиливают тягу аудитории к получению иммерсивных(создающих ощущение сопричастности и эффект присутствия), интерактивных и персонализированных впечатлений. Это меняет привычные представления о маркетинге и продвижении развлекательного товара на рынке. Сегодня для эффективной работы компании недостаточно разместить рекламное объявление в надежде, что небольшая часть аудитории перед экраном телевизора им заинтересуется. Чтобы начать общаться с потребителем новыми путями нужно вкладывать средства не в дистрибуцию и производство, а в социализацию. Суть социализации заключается в построении долгосрочных взаимоотношений с аудиторией, а не в концентрации внимания на продукте.

Бренд должен знать свою аудиторию: кому они продают, кто покупает их продукт. Другими словами, обрести новую лояльность среди потребителей, дав им нечто большее, чем просто развлекательный продукт, дав им богатый опыт посредством вовлечения их в процесс оборота продукта. То есть потребитель должен не просто использовать развлекательный продукт/ сервис, но рекламировать, продвигать его.

Так поступил канал MTV, предложивший своей аудитории принять участие в различных музыкальных мероприятиях и церемониях награждения, им инициированных. Дирекция канала создала прецедент, пригласив людей поучаствовать в цифровом опыте в режиме онлайн. Общаясь между собой в реальном времени, их потребители не просто стали лояльными к этой церемонии, но это дало возможность людям делиться информацией друг с другом. Фактически, рекламируя церемонию награждения на MTV, власти канала вовлекли в нее тысячи потребителей, дав им возможность не просто смотреть, но принять непосредственное участие. [2]

Другим примером социализации бренда в современных условиях, включении потребителя в процесс оборота продукции, можно считать опыт разработчиков игры Angry Birds, финской компании Rovio. К выходу новой версии игры в 2012 году, где герои игры Angry Birds отправляются в космос, в Сиэтле (США) была приурочена акция, которая собрала толпу любопытствующих. Организаторы шоу установили огромную рогатку, натянув макет резинки на местную достопримечательность- смотровую башню Спейс Нидл, а позднее один из астронавтов NASA Доналд Рой Петтит, открыто прорекламировал игру с Международной космической станции. А за год до этого, в 2011, по заказу Rovio в Барселоне прошел флешмоб, где любой желающий мог пострелять огромного размера героями игры. [3]

Социальное влияние это то, чему стоит уделить максимум внимания при построении взаимоотношений с потребителем на современном рынке развлечений. Важным для современной маркетинговой науки стало открытие коллективного разума целой социальной сети, в которой люди активно взаимодействуют между собой и делятся впечатлениями и информацией.

В целом, использование сети Интернет стало колоссальным объединяющим опытом для миллиардов людей во всем мире. Потребитель стремится перенести данный опыт на все сферы жизнедеятельности. Благодаря расширению цифрового доступа, росту мобильности и развитию общения в социальных сетях потребление всех видов и форм СМИ переместилось из области индивидуальной деятельности в область социального опыта, когда потребители используют социальные медиа для обмена мнениями и контентом. И это не просто веяние моды. Это серьезный феномен в настоящее время, именуемый «цифровой/человеческой стаей». «Стае» присущи:

– Скорость распространения информации: потребители ежедневно обмениваются информацией, рекламными роликами и сообщениями с другими пользователями через социальные сети или блоги. «Вирусное» рекламное сообщение, запускаемое компанией в сети, может за день набрать до миллиона просмотров;

– Большое число пользователей: по данным компании Tribal DDB, около 80% студентов и 80 % специалистов пользуются социальными сетями, 40% размещают посты как минимум раз в неделю, а треть населения Земного шара имеет доступ к Интернету;

– «Синдром толпы»: люди полагаются на выбор большинства. Этим по большей части, обусловлены рекордные продажи таких брендов как Apple, Amazon.com и других.

В действительности, благодаря цифровым технологиям интернет-сообщества могут вести себя как самостоятельные стаи: в социальных сетях голос одного мгновенно превращается в голос миллионов. И это меняет объект исследования маркетологов. Так, группа из 1200 добровольцев, не знакомых друг с другом в обычной жизни и не имеющая лидера, следуя конкретным правилам, создает большую часть содержания энциклопедии Wikipedia, одного из самых популярных сайтов в сети.

Феномен «цифровой стаи» кардинально меняет маркетинговые механизмы: современные потребители склонны доверять членам собственной «стаи»- друзьям, родственникам, знакомым из сети, а не авторитетному мнению экспертов или массовой рекламе. [4]

В связи с этим, перед бизнесом встают новые задачи и насколько быстро компании откликнуться на изменения в потребительском поведении, зависит их эффективность в будущем. В настоящий момент происходит фрагментация рынка, которую игроки должны воспринимать как дополнительную возможность для общения с потребителем. Компании имеют шанс сформировать новые подходы в работе со своими клиентами, как точки зрения предлагаемого контента, так и с точки зрения используемых каналов потребления.

Сегодня инновационным путем общения с потребителем становятся социальные медиа, объединяющие в себе различные виды интернет-ресурсов, предназначенных для обмена информационными сообщениями между пользователями. К социальным медиа относятся социальные сети (Вконтакте, Одноклассники, Facebook), блоги, микроблоги, Wikipedia, видеохостинги (YouTube) и другие ресурсы, характеризуемые наличием сообщества пользователей и их взаимодействием вокруг определенного вида контента. Если раньше потребитель прислушивался к рекламным сообщениям, то сегодня, прежде чем совершить покупку, ему потребуется проверить рейтинги на тематических сайтах, проконсультироваться в блогах, уточнить информацию на своем аккаунте в Facebook. Подобное отсутствие границ, пределов и ограничений в медиа среде, ставшее возможным благодаря процессам глобализации в экономике, изменило подходы к современному маркетингу. [5]

Суть современного этапа развития маркетинга заключается в переходе от традиционной однонаправленной коммуникации, ориентированной на доставку рекламного сообщения целевой аудитории, к вирусному распространению «из уст в уста». Другими словами, на смену рекламным плакатам пришла необходимость поддерживать диалог и выстраивать долгосрочные отношения с каждым клиентом.

Привычная сегментация по демографическим признакам превратилась в поведенческо- мотивационную, когда пользователи делятся по интересам, поведению или отношению к бренду или продукту.

Изменилась стратегия маркетинга. От схемы «товар- потребитель- сообщение» современные компании перешли к схеме, максимально учитывающей пожелания и интересы конкретного потребителя: «интересы человека- продукт, учитывающий эти интересы- персонифицированное сообщение».

Эксперты приходят к выводу, что маркетинг больше не может быть обособленной функцией в компании, так же как и не должен оставаться односторонней формой коммуникации. Эволюция маркетинга- это его превращение в совместный процесс, процесс взаимодействия продавца и покупателей. Для бизнеса это означает тот факт, что при минимальных материальных затратах на рекламу, компания может построить долгосрочные отношения со своими потребителями, сформировать их лояльность, управлять репутацией компании, повысить продажи.[5]

В России бренд-сообщества, участники которых готовы добровольно поддерживать любимого производителя, набирают популярность. Об этом свидетельствуют итоги исследования социальных сетей и социализации бренда в России, инициированного медиа-агентством UM. Первое место по проценту зарегистрированных пользователей занимают социальные сети «ВКонтакте» и «Одноклассники».

Популярность набирают блоги: число людей, которые ведут собственный блог, к началу 2012 года выросло на 28 %. Позитивная динамика также наблюдается у микроблогов, их охват в том же году составил 20% от общего числа активных пользователей.

Для успешного продвижения развлекательных и иных сервисов важно определиться с экосистемой используемых платформ, в частности с какой целью люди используют последние. Форумы, блоги и видеохостинги удовлетворяют ограниченному набору потребностей пользователей, в то время как возможности социальных сетей гораздо шире: поддержка контактов с друзьями, знакомства, новостная лента, возможность заявить о себе, принадлежность к тому или иному сообществу, проведение досуга или деловые контакты.

На сегодняшний день использование социальных сетей в России достигло максимума, но продолжает стабильно расти на 50-60% благодаря онлайн телефонии и пользователей, загружающих видео. Социальные сети лидируют по среднему количеству контактов- в среднем у российского пользователя-47 друзей. Однако отмечают, что по данному показателю Россия сегодня уступает другим странам, где он достигает 52. Примечательно, что в реальной жизни, показатель числа контактов человека гораздо скромнее- в среднем 37-38.

Для компаний, продвигающих свой контент через социальные сети, будут интересны следующие цифры. По статистике 47% пользователей в России в 2012 году присоединились к онлайн-сообществу любимого бренда, притом 35 % из них сделали это за рекордные полгода. Что касается мотивов вступления в брендовые сообщества, то прежде всего выделяют любопытство, желание потребителя узнать новое о продукте/сервисе, а только потом стремление делиться информацией о бренде, о предлагаемых им продуктах/сервисах. С большим отставанием следует желание получить что-то бесплатное.

В целом для бизнеса это означает переход на новый уровень возможностей продвижения своего продукта, бренда. Монолог бренда, призыв купить эволюционирует в его диалог с потребителем, в их интерактивное взаимодействие друг с другом: человек не просто узнает информацию о продукте, но имеет возможности влиять на его содержание. Так, самыми популярными формами взаимодействия российских граждан в сети оказались получение новостей от брендов и возможность влиять на производство. А наиболее интересными широкой аудитории товарными категориями стали музыка, фильмы, сотовая связь, здоровье, характеризующиеся высоким уровнем вовлеченности пользователей. Другими словами, россияне готовы к активному сотрудничеству, творчеству, активному обмену информацией по содержанию данных категорий. Меньшей популярностью в российском интернет-пространстве пользуются такие специфичные категории, как мода, спорт и гаджеты. Однако несмотря на различия, во всех категориях отмечают достаточно высокую активность пользователей и производителей и прогнозируют позитивную динамику по данному направлению. [6]

Тем не менее, пока в России социальная активность брендов присуща прежде всего западным фирмам. Отечественные компании не уделяют должного внимания подобным аспектам продвижения, отдавая предпочтение классическим рекламным средствам: радио, телевидению, печатным СМИ- издержки на которые не всегда окупаются, а также наружной рекламе, что свидетельствует о том, что рекламный рынок России относится к типу развивающихся. [7]

Источники:

1) Всемирный обзор индустрии развлечений и СМИ: прогноз на 2012–2016 гг./ PwC.-2012.-18 с

2) Эрик Шейнкоп «Тонущая лодка музыкальной индустрии» [Электронный ресурс]/ Режим доступа: http://digitaloctober.ru/player/content/37 /- Загл.с экрана

3) «Angry Birds: история злых птичек» [Электронный ресурс]/ Режим доступа: www.3domen.com/index.php?newsid=7411&news_page=2 .-Загл.с экрана

4) Старые рекламные подходы умирают [Электронный ресурс]/ Информационный бизнес-портал Posrednik.by.- Режим доступа: http://posrednik.by/story/%D1%81%D1%82%D0%B0%D1%80%D1%8B%D0%B5-%D1%80%D0%B5%D0%BA%D0%BB%D0%B0%D0%BC%D0%BD%D1%8B%D0%B5-%D0%BF%D0%BE%D0%B4%D1%85%D0%BE%D0%B4%D1%8B-%D1%83%D0%BC%D0%B8%D1%80%D0%B0%D0%BE%D1%82 .-Загл.с экрана

5) Маркетинг и продвижение в социальных сетях [Электронный ресурс]/ Режим доступа: http://www.paprikapromo.ru/services/smm.-Загл.с экрана

6) Эльдар Соколов «В контакте» с брендом сетях [Электронный ресурс]/ Режим доступа: http://www.sostav.ru/news/2010/11/10/cod1/.- Загл. с экрана

7) Вартанова Е.Л., Смирнов С.С СМИ России как индустрия развлечений [Электронный ресурс]/ Медиаскоп №4, 2009г.- Режим доступа: www.mediascope.ru/node/446.- Загл.с экрана

Барашева Т.И.
доц., к.э.н., ИЭП им.Г.П. Лузина КНЦ РАН, г.Апатиты

ЭФФЕКТИВНОСТЬ БЮДЖЕТНО-НАЛОГОВОГО РЕГУЛИРОВАНИЯ В РЕГИОНАХ СЕВЕРА

В начале 2000-х в целях обеспечения устойчивого экономического роста была начата реформа бюджетно-налоговых отношений в Российской Федерации. Основные идеи реформирования заимствовались из концепции «федерализма, сохраняющего рынок», сформулированной Б. Уэйнгастом и некоторыми другими авторами. Решающими мерами были обозначены действия органов власти в следующих направлениях: обеспечение законодательно закрепленной автономии региональных и местных властей с четким разграничением налоговых и расходных полномочий; уточнение расходных обязательств субнациональных властей и наличие законодательных гарантий их автономного финансирования за счет достаточной собственной налоговой базы; передача с регионального на федеральный уровень дополнительных доходов и расходных обязательств с постепенной децентрализацией финансовых ресурсов в средне- и долгосрочной перспективе; реформирование политики трансфертов с целью повышения ее «прозрачности» и стабильности и др. [1,43]. По прошествии более десятка лет подведем некоторые итоги процесса реформирования на основе анализа тенденций, наблюдаемых в бюджетной системе северных субъектов РФ.

Основным критерием, характеризующим финансовое состояние региона, является показатель бюджетной обеспеченности. В целом бюджетные доходы северных регионов в расчете на душу населения за последние десять лет возросли более чем в 6 раз. При этом возросло и число регионов Севера, в которых бюджетная обеспеченность не достигла среднероссийского уровня. Если в 2009 г. их доля составляла 55%, то в 2010 г. - 62%. Отмечаемая тенденция наблюдается не только среди экономически слаборазвитых северных субъектов РФ, но и наиболее развитых регионов (Мурманская, Иркутская области, Пермский и Красноярский край), в том числе и в регионах-донорах (Томская область и Республика Коми).

Кроме того, наблюдается ситуация, при которой экономически развитые северные субъекты, являвшиеся наиболее финансово обеспеченными по итогам зачисления в бюджеты налоговых и неналоговых доходов, после распределения трансфертов становятся обладателями более низких бюджетных доходов по сравнению с регионами с минимальной собственной доходной базой. Так, 2010 год стал наиболее показательным с точки зрения ухудшения положения финансово состоятельных северных территорий. При анализе бюджетной обеспеченности северных субъектов РФ регионы, обладающие высоким экономическим потенциалом, обеспеченным предприятиями нефтегазового сектора (Ненецкий, Ханты-Мансийский, Ямало-Ненецкий АО, Тюменская, Томская и Сахалинская области, Республика Коми), а также компаниями металлургической отрасли (Красноярский край и Мурманская область), потеряли свои позиции (определялся ранг применительно к показателю доходы бюджета в расчете на душу населения) после распределения безвозмездных перечислений. Аналогичная ситуация наблюдается в регионах с диверсифицированной промышленностью (Пермский край (наибольшее понижение ранга) и Иркутская область) и в отдельных субъектах РФ со средним уровнем развития (Республика Карелия и Архангельская область).

Обратная тенденция свойственна слаборазвитым и слабоосвоенным северным регионам РФ. Наибольший рост рангов, исчисленных для показателя бюджетной обеспеченности, отмечается в Республиках Алтай и Тыва, которые имеют слабую собственную экономическую базу и, соответственно, низкий уровень налоговых доходов на душу населения. Находясь на двадцать втором и двадцать четвертом месте по уровню налоговых доходов на душу населения, после распределения трансфертов регионы переместились на десятое и восемнадцатое место соответственно, превзойдя некоторые регионы с высоким уровнем развития. В ресурсных слабоосвоенных регионах Сибири и Дальнего Востока по результатам применения механизмов межбюджетного регулирования доходы на душу населения также увеличились, при этом изменение ранга по данному показателю у субъектов РФ было не таким значительным (в среднем 2-3 пункта), однако их положение улучшилось по сравнению с регионами, обладающими высоким налоговым потенциалом. Камчатский край: занимая одиннадцатую позицию по налоговым и неналоговым доходам, по показателю бюджетной обеспеченности стал занимать четвертое место. И лишь Забайкальский край постигла участь экономически развитых регионов - после распределения финансовой поддержки он ухудшил свое положение, переместившись с двадцать первого на двадцать четвертое место.

Таким образом, вышеизложенное свидетельствует, что система межбюджетного регулирования приводит к дискриминации экономически развитых и изначально финансово состоятельных северных территорий. Наряду с этим сохраняется значительные различия подушевых доходов среди северных субъектов РФ: вариация по уровню бюджетной обеспеченности выросла с 84% в 2008 году до 97% в 2009 году, несколько сократившись к 2010 году до 77%.

Несмотря на заявленный реформой тезис о повышении налоговой автономии и независимости субфедеральных бюджетов, нововведения в сфере налогово-бюджетных отношений не меняют положения - уровень налоговых поступлений (региональных и местных налогов) большего числа северных субъектов сохраняется на низком уровне. Увеличивают налоговую составляющую их бюджетов регулирующие налоги вышестоящего уровня. При этом государство устанавливает, так называемый, предел в налоговых доходах, изымая в федеральный бюджет свыше 50% налоговых платежей, собранных в границах северных территорий. Это свидетельствует о том, что экономический потенциал регионов зоны Севера практически не работает на бюджетную систему их территорий.

Кроме того, несовершенство действующей системы налогообложения приводит к тому, что налоговый потенциал северных территорий используется не в полную меру. Такая ситуация обусловлена пробелами законодательства, позволяющими выводить налоговые базы крупных предприятий за пределы регионов, обеспечивая перемещение налогов из одного региона в другой, а также существующими различиями между регионами в размерах применяемых ставок, льгот и соотношении облагаемых и необлагаемых налогом доходов и др.

Отсутствие четкого разграничения расходных полномочий, сокращение налоговой составляющей в бюджетах северных субъектов РФ, снижение объективности в распределении федеральных трансфертов (отмечаются случаи распределения некоторых видов финансовой помощи в «ручном» режиме), нежелание региональных властей принимать и исполнять сбалансированные бюджеты приводят к сохранению дисбаланса бюджетных доходов и расходов консолидированных бюджетов в 42% северных субъектах РФ.

Сохраняются также проблемы с долговой нагрузкой. Начиная с 2009 г. государственный долг вырос в среднем по всем северным субъектам РФ. Отношение госдолга к собственным доходам позволяет оценить возможности регионов справиться со своими долговыми обязательствами за счет собственных средств. В целом по регионам Севера данное отношение ниже, чем по России. Тяжелые долговые проблемы сохраняются в регионах с низким уровнем экономического развития: Республиках Алтай, Саха и Бурятия, Камчатский край и Магаданская область. Наиболее благоприятное положение отмечается в группе регионов со значительным экономическим потенциалом. Динамика показателя в данной группе имеет тенденцию к понижению, за исключением Республики Карелия, Красноярского края, Томской и Сахалинской областей. Следует заметить, что на уровне муниципальных образований также отмечен рост долговой нагрузки, которая в отдельных случаях наблюдается, когда на счетах муниципальных образований числятся накопленные целевые денежные средства и достигнут профицит их бюджетов.

Анализ бюджетной политики в части расходов показал, что по северным регионам средний показатель удельного веса расходов к ВРП демонстрирует более высокий уровень, чем в целом по России: в 2008 году – 24,2% (по РФ -18,2%), в 2010 году – 25,4% (по РФ -17,7%) ВРП, что обусловлено повышенными затратами на производство продукции и жизнеобеспечение населения в регионах Севера. При этом по величине расходов к ВРП ниже среднероссийского уровня занимают позиции экономически развитые субъекты РФ и регионы со средним уровнем развития.

Основной объем расходов консолидированных бюджетов северных регионов (54,6%), как и прежде, приходится на реализацию полномочий в области социальной политики. При этом почти в 60% регионов Севера доля расходов на соцполитику выше средней по стране. Наименее социально ориентированы бюджеты Тюменской, Сахалинской областей, Ямало-Ненецкого, Ненецкого АО, Приморского, Чукотского и Камчатского края.

Выше среднероссийского уровня в регионах Севера отмечаются удельные расходы на образование, ЖКХ и общегосударственные расходы. В большей мере данный факт свойственен экономически слаборазвитым и ресурсным слабоосвоенным регионам Сибири и Дальнего Востока. В таких регионах данные виды расходов покрываются за счет финансовой помощи. Кроме того, и инвестиции в основной капитал в слаборазвитых субъекта Федерации финансируются в основном за счет средств федерального бюджета (от 8,9 до 54,6%). В высокоразвитых регионах Севера основная доля приходится на собственные источники средств, удельный вес которых превышает 38%.

Эффективность бюджетных расходов по регионам Севера можно оценить с помощью мультипликатора бюджетных расходов. Оценка демонстрирует, что в большинстве слаборазвитых регионах эффективность бюджетных расходов низкая, т.е. прирост бюджетных расходов обеспечивает низкий прирост ВРП. Наиболее худшая позиция отмечается в Чукотском АО, наилучший показатель исчислен для Красноярского края.

Проводимая бюджетно-налоговая политика во многом обусловливает изменения в уровне жизни населения не только в северных слаборазвитых и отдельных слабоосвоенных регионах Сибири и Дальнего Востока, но и в северных экономически развитых субъектах РФ. Так, в регионах, в которых показатель ВРП на душу населения выше среднероссийского уровня (Томская и Мурманская области, Красноярский край и Республика Коми), соотношение начисленной заработной платы к прожиточному минимуму не достигает среднероссийского показателя, а доля численности населения с денежными доходами ниже прожиточного минимума значительно выше, чем в среднем по стране.

В целом по России, в том числе по регионам Севера, соотношение средней по региону начисленной заработной платы к прожиточному минимуму за период реформ возрастало. В период кризиса произошло снижение показателя, при этом в северных субъектах отмечалось более интенсивное его падение. В 2010 г. в 70% регионов Севера показатель повысился, однако в 67% северных субъектов он не достиг среднероссийского уровня.

Показатель соотношения начисленной заработной платы к прожиточному минимуму характеризует не только уровень жизни в регионе, но и потребности его жителей в бюджетных услугах. Можно предположить, что в условиях сокращения доходов населения потребности жителей в бюджетных услугах возрастут. Данный вопрос приобретает особую значимость в период проведения реструктуризации бюджетного сектора, перевода большей части бюджетных учреждений в категорию автономных. Только эффективная работа органов власти в сфере заработной платы и доходов населения в слаборазвитых северных регионах позволит населению поддержать деятельность автономных учреждений, предоставляющих платные услуги.

Обобщая вышеизложенное, можно заключить, что политика государства в области бюджетно-налоговых отношений вызывает нестабильность финансовой системы северных регионов и приводит к значительным региональным различиям в уровне жизни населения. К одной из причин отмечаемых тенденций можно отнести не выполнение в ходе совершенствования российской модели бюджетного федерализма отдельных принципов концепции «федерализма, сохраняющего рынок». В частности, в ходе реформы не были созданы институциональные условия, способствующие расширению налоговой автономии субнациональных властей и созданию стимулов для развития конкуренции между регионами за рост инвестиций. Все еще не определены более действенные механизмы, позволяющие повысить ответственность, укрепить налоговый потенциал и обеспечить финансовую самостоятельность субъектов РФ.

В целях обеспечения устойчивого социально-экономического развития регионов Севера и повышения уровня благосостояния населения, не учтенные в ходе реформы принципы, выработанные мировым историческим опытом, а также требования, вызванные современным этапом развития, и специфика северных проблем должны быть приняты во внимание в будущем при уточнении приоритетов институциональных преобразований в сфере бюджетно-налоговых отношений и совершенствования системы бюджетно-налогового регулирования.

Литература:

1. Лавров А., Д. Сазерлэнд, Дж. Литвак. Реформа межбюджетных отношений в России: «федерализм, создающий рынок» / Вопросы экономики - 2001 г.- №4.

Барашева Е.Н.
аспирант, ИЭП им. Г.П. Лузина КНЦ РАН, г.Апатиты

РОСТ ИНВЕСТИЦИОННОЙ ПРИВЛЕКАТЕЛЬНОСТИ ПРЕДПРИЯТИЯ КАК ПРЕДПОСЫЛКА ПОВЫШЕНИЯ КОНКУРЕНТОСПОСОБНОСТИ РЕГИОНА

Повышение конкурентоспособности регионов возможно только при наличии надежных экономических основ: динамично развивающегося реального сектора, эффективной экономической политики, ёмкого финансового сектора [2]. В свою очередь, обеспечение динамичного развития реального сектора, в том числе отдельно взятого предприятия, невозможно без привлечения инвестиций. В этой связи наиболее значимой задачей любого предприятия и тем более тех, которые осваивают зарубежные рынки товаров и услуг, является повышение их инвестиционной привлекательности.

Изучение российской и международной опыта позволяет рассмотреть ряд мероприятий, обеспечивающих повышение инвестиционной привлекательности компании, основными из которых являются: разработка долгосрочной стратегии развития (стратегия демонстрирует видение предприятием своих долгосрочных перспектив и адекватность менеджмента предприятия условиям работы компании); бизнес-планирование (бизнес-план позволяет оценить способность предприятия вернуть инвестору заемные средства и выплатить проценты) [4]; юридическая экспертиза и приведение правоустанавливающих документов в соответствие с законодательством; создание кредитной истории (позволяет судить об опыте предприятия по освоению внешних инвестиций и выполнении обязательств перед кредиторами и инвесторами-собственниками) [3]; проведение мероприятий по реформированию (реструктуризации), в т.ч. реформирование акционерного капитала; изменение организационной структуры и методов управления; реформирование активов; реформирование производства [5]. Реструктуризация обеспечивает повышение управляемости компании или группы компаний, совершенствование процессов управления и производственных систем предприятия.

Значимым критерием повышения инвестиционной привлекательности предприятия является прозрачность финансово-хозяйственной деятельности предприятия, которая может быть обеспечена в процессе перехода на международные стандарты финансовой отчетности (МСФО).

Международные стандарты финансовой отчетности (International financial reporting standards - IFRS) - набор документов (стандартов и интерпретаций), регламентирующих правила составления финансовой отчетности, необходимой широкому кругу внешних пользователей в процессе принятия ими экономических решений в отношении предприятия [1].

Международные стандарты финансовой отчётности в сравнении с отечественной практикой (российскими стандартами бухгалтерского учета - РСБУ) обеспечивают формирование не только более открытой информации, но и предоставляют широкую возможность компании в выборе методов управления затратами, что непосредственно сказывается на величине собственного капитала, представляющего интерес для российских и зарубежных инвесторов.

Группой специалистов выполнялась оценка перехода на МСФО в части реализации метода учета и капитализации затрат, которые возникают на нефтедобывающем предприятии на стадии «разведка-добыча», с точки зрения его влияния на финансовое состояние ОАО «Нефтедобыча» [6]. В данной работе автором проводится аналогичное исследование (сопоставляются российский вариант и подход, применяемый в рамках МСФО), но применительно к горнодобывающей компании.

К затратам, возникающим на этапе проведения геологоразведочных работ на горнодобывающих предприятиях, относят: лицензионное ведение работ, приобретение права на разработку полезных ископаемых, поисковые и разведочные работы, оценка запасов и их освоение, разработка месторождения. По российским требованиям бухгалтерского учета данные виды затрат списываются на расходы производства в периоде их возникновения. Это приводит к значительному повышению расходов предприятия и сокращению прибыли.

По МСФО такого рода затраты капитализируются, т.е. переводятся в разряд активов, обоснованием этому является получение экономической выгоды в будущем от совершения таких затрат. Капитализируемые затраты отражаются в расходах не сразу в полном объеме, а посредством начисления амортизации. Этот подход позволяет увеличивать расходы предприятия в ограниченном размере (по норме амортизации) и, соответственно, сохранять прибыль на достаточно высоком уровне.

В ходе процедуры капитализации затрат в соответствии с требованиями МСФО достигается эффективность применяемого метода, которая выражается в росте капитала компании, прибыли, рентабельности активов и собственного капитала (таблица 1).

Процесс капитализации затрат обеспечивает рот стоимости компании, а это один из основных требований, на который реагирует инвестор, делая вывод о фирме, как об инвестиционно привлекательном объекте.

Кроме того, сравнительная оценка показателей финансовой отчетности предприятия, выполненная до и после капитализации затрат на этапе геологоразведочных работ (таблица 2), свидетельствует о том, что целый ряд показателей (финансовой устойчивости, оборачиваемости, рентабельности) улучшились, за исключением коэффициентов ликвидности.

Таблица 1 - Влияние капитализации затрат на финансовые показатели горнодобывающего предприятия

Показатели	Баланс по РСБУ		Баланс по МСФО	
	Абс., тыс.руб.	Доля, %	Абс., тыс.	Доля, %
1. Оборотные активы	6824264	31,4	6824264	22,3
2.Внеоборотные активы	14892043	68,6	23808729	77,7
3.Всего активы	21716307	100	30632993	100
4.Краткосрочные обязательства	9399327	43,3	13136749	42,9
5.Долгосрочные обязательства	0	0	0	0
6.Акционерный капитал и резервы	9996933	46	9996933	32,6
7.Нераспределенная прибыль	2320047	10,7	7499311	24,5
8.Итого собственный капитал (стр.6+ стр.7)	12316980	56,7	17496244	57,1
Всего пассивы	21716307	100	30632993	100
Рентабельность ОА (стр.7: СТР.3)	10,7	-	24,5	
Рентабельность собственного капитала (стр.7: СТР.8)	18,8	-	42,9	
Изменение налога на прибыль (текущего года), тыс. руб.			1635557	
Изменение налога на имущество, тыс. руб.			2101865	

Ухудшение показателей ликвидности связано с ростом кредиторской задолженности перед бюджетом по налоговым платежам. То есть в ходе капитализации затрат увеличивается стоимость собственного капитала, а рост стоимости имущества влечет возрастание налогооблагаемой базы по налогу на имущество предприятия. Наряду с этим, отнесение затрат, которые списываются уже не в полном объеме, а в размере амортизационных отчислений, на расходы предприятия, приводит к росту налогооблагаемой прибыли и увеличению налога на прибыль, что несколько снижает общий положительный эффект от капитализации.

Вместе с тем, применение данного метода в соответствии с международными требованиями можно признать положительным, поскольку данный подход позволяет укрепить финансовое состояние предприятия и обеспечить рост инвестиционной привлекательности горнодобывающей компании. Это в итоге будет способствовать поддержанию условий для стабильного экономического развития региона и повышению его конкурентноспособности.

Таблица 2 - Изменение показателей горнодобывающего предприятия

Показатели	Значение	
	до капитализации	после капитализации
Показатели ликвидности		
Коэффициент текущей ликвидности	0.73	0.51
Коэффициент быстрой ликвидности	0.41	0.27
Коэффициент абсолютной ликвидности	0.2	0.196
Финансовая устойчивость		
Коэффициент автономии	0,57	0,57
Коэффициент соотношения заемных и собственных средств	0,76	0,75
Деловая активность		
Коэффициент оборачиваемости активов	0.85	1,13
Коэффициент оборачиваемости собственного капитала	1,46	1,90
Коэффициент оборачиваемости оборотных активов	2,77	4,46
Продолжительность оборота оборотных активов, дней	130	80,6
Рентабельность, %		
Рентабельность активов	3,6	25,1
Рентабельность собственного капитала	0,64	43,9
Финансовый рычаг	0,75	0,75

Литература:

1.   Бельских И.Е. К вопросу использования МСФО, US GAAP и РСБУ в финансовой отчетности российского крупного бизнеса // Международный бухгалтерский учет. 2011. N 2. С. 2 - 18.
2.   Исакова С.А. Финансовые активы и финансовые обязательства в условиях перехода на МСФО (НСФО 2) // Международный бухгалтерский учет. 2012. N 24. С. 60 - 68.
3.   Кистерева, Е.В.   Инвестиционная   политика   предприятия./Е.В. Кистерева // Справочник экономиста. – 2004. - №12. с.14-16

4.   Конторович С.П. Управление инвестиционной привлекательностью предприятия. / С.П. Конторович // Вопросы экономики. – 2003. -№8. с. 24-36

5.   Маленко, Е.; Хазанова, В. Инвестиционная привлекательность и ее повышение /Е. Маленко, В. Хазанова // Top – Manager. – 2005. - №10. с.39-4

6.   Романюк В.Б. Влияние капитализации затрат на финансовое состояние организации нефтегазовой отрасли // Сибирская финансовая школа. Новосибирск. – 2010.- № 4. – С. 67-72.

Пужаева Я.Б.
ассистент
ННГУ им. Н.И. Лобачевского
Финансовый факультет
Кафедра «Банки и банковское дело»

ЗАРУБЕЖНЫЙ ОПЫТ ОРГАНИЗАЦИИ МАЛОГО И СРЕДНЕГО БИЗНЕСА НА ПРИМЕРЕ ЯПОНИИ

Сегодня Япония занимается одно из лидирующих мест в списке самых развитых стран мира. Это страна частного предпринимательства. В промышленности государству принадлежит только монетный двор. На японском рынке работает очень много крупных компаний и предприятий, несмотря на это, около 40% рынка занимает малый бизнес. Наиболее востребованными отраслями малого бизнеса являются: легкая промышленность, строительство и сфера услуг [1].

Порядка ¾ всего населения страны занято на предприятиях МСБ. Небольшие предприятия играют важную роль в японской экономике. Благодаря им сохраняется высоко конкурентная рыночная среда — основа жизнеспособности экономики, которая противостоит тенденции к монополизации, свойственной крупным компаниям. При этом в силу своей гибкости и подвижности МСБ способен быстрее, чем крупные предприятия, перестраивать свою деятельность в соответствии с новыми потребностями экономики и общества.

К разряду малых и средних предприятий в промышленности, на транспорте и в строительстве японская статистика относит фирмы с числом занятых до 300 человек и уставным капиталом 100 млн. иен, в оптовой торговле - соответственно до 100 человек и 30 млн. иен, розничной торговле и сфере услуг - до 50 человек и 10 млн. иен. В категорию мельчайших официальная классификация включает промышленные предприятия с числом занятых не более 20 человек и предприятия сферы торговли и услуг с численностью персонала не более 5 человек. Таким образом, в сферу малого и среднего бизнеса попадает огромный слой предприятий, начиная от примитивных надомных хозяйств семейного типа и кончая оснащенными современной техникой фирмами [2].

По формам собственности раньше половина малых предприятий были индивидуальными, то есть фактически семейные. Но сейчас семьи в Японии маленькие, поэтому стали преобладать коллективные партнерства и акционерные общества.

На данный момент для местных жителей созданы комфортные условия для организации бизнеса. Небольшие предприятия финансируются в основном родственниками, знакомыми, друзьями и клиентами предпринимателя. Сегодня в Японии существует 7 разных видов бизнеса: корпорация, партнерство с ограниченной и неограниченной ответственностью, акционерная корпорация, филиал зарубежной компании, совместное предприятие, представительство иностранной компании.

Что касается системы налогообложения корпорации, то предприниматель обязан платить местный и федеральный налог на доход. Средний налог на бизнес составляет не больше 10% от прибыли [3].

Если же проанализировать развитие МСБ в России, то получим противоположную ситуацию. Малые и средние предприятия занимают около 27% рынка. Половину из них составляют предприятия торговли и общепита. Пятая часть малых и средних предприятий оказывает разнообразные услуги. В строительстве занято 13% МСБ, а в промышленности – 12%. При этом, налоговая нагрузка по социальным налогам с 2011 года возросла с 14% до 34% [4].

Практически каждое предприятие МСБ испытывает финансовые трудности, так как собственных средств недостаточно, а банковские займы доступны лишь 12% предприятий из-за высоких процентных ставок банков и требованием обеспеченности залогом.

В Японии проблема финансирования предприятий давно решена с помощью государственного стимулирования, которое проводится на всех этапах - регистрации, становления, роста. С этой целью используется система разнообразных экономических рычагов: льготные займы и кредиты (общие и целевые), налоговые льготы, техническая и консультативная помощь, информационно-компьютерное обслуживание, подготовка кадров и т.д. Такая помощь, опираясь на законодательство, реализуется через систему государственных, смешанных и частных коммерческих и некоммерческих организаций, включая специальные центры по "выращиванию" новых компаний [5].

Но основным направлением стимулирования и развития МСБ в Японии является аутсорсинг. Так, к примеру, строительством массового жилья занимается малый бизнес, а строительством дорог, заводов, многоэтажных жилых и офисных зданий и торговых комплексов – крупный. Аналогично на транспорте: есть малые предприятия, занимающиеся перевозками, и крупные таксомоторные парки, автобусные корпорации. То есть крупный бизнес предоставляет работу мелкому. Около 55% малых предприятий в промышленности работает таким образом. Как участники технологических цепочек крупного бизнеса они могут делать мелкие детали, штамповку, агрегаты и т.д.

Опираясь на опыт Японии, подобную модель возможно организовать и в России. Но для того чтобы данная система работала, необходимо, чтобы малые предприятия располагались поблизости от крупного концерна. Это необходимо для экономии времени при транспортировке и снижения вероятности сбоев в производстве. Таким образом, произойдет рост числа малых и средних предприятий, а финансовое положение уже функционирующих предприятий стабилизируется, благодаря постоянному потоку заказов.

Список литературы:

1. Бизнес-портал Businessidei.com; http://businessidei.com
2. Экономико-правовая библиотека. Организация малых предприятий. http://www.vuzlib.org/beta3/html/1/4344/4410/
3. Открытие собственного бизнеса в Японии. http://japonica.ru
4. Перспективы кредитования малого и среднего бизнеса. http://www.intalev.ru
5. Совершенствование методов государственного регулирования и поддержки малого и среднего предпринимательства в Российской Федерации. Автореферат. http://www.mosap.ru

Багдасарян Л.А.
студентка 3 курса института философии, социологии и права, ВолГУ
Елфимова Е.И.
ассистент кафедры уголовного процесса и криминалистики,
института философии, социологии и права, ВолГУ

НЕКОТОРЫЕ ПРОБЛЕМЫ РЕАЛИЗАЦИИ ПРИНЦИПА СОСТЯЗАТЕЛЬНОСТИ СТОРОН В УГОЛОВНОМ СУДОПРОИЗВОДСТВЕ

Состязательность сторон - важнейший принцип уголовного судопроизводства. Состязательность сторон в уголовном судопроизводстве является условием исследования сущности судебного спора, собирания и проверки доказательств, установления истинных обстоятельств дела.

Любой научный спор, связанный с вопросами обеспечения прав граждан в сфере уголовного судопроизводства, так или иначе касается проблемы реализации принципа состязательности сторон. [1,8; 2,10].

Принцип состязательности сторон провозглашен Конституцией РФ (ч. 3 ст. 123) и УПК РФ (ст. 15). Тем самым разграничены функции органов, осуществляющих уголовное преследование (ч. 1 ст. 21 УПК РФ), и суда, а также определен круг субъектов, реализующих соответствующую функцию. Как указал в ряде своих решений Конституционный Суд РФ: «Суд уполномочен разрешать подсудные ему дела лишь на основе соответствующих обращений участников судопроизводства, выступающих на стороне обвинения или защиты» [3].

Реализация принципа состязательности сторон невозможна в отрыве от других принципов уголовного судопроизводства - законности, уважения чести и достоинства личности, презумпции невиновности, равенства сторон, непосредственности и устности судебного разбирательства. "Только в рамках системы принципы образуют то структурно упорядоченное единство, которое порождает возникновение нового системного качества" [4, 11].

Принцип состязательности сторон предполагает состязательность не мнений, а позиций обвинения и защиты. Доведению стороной своей позиции до суда и коллегии присяжных заседателей закономерно предшествует ее выработка - "технология, предполагающая определенную последовательность профессиональных действий, обеспечивающих целенаправленную и эффективную деятельность юриста" [5, 106]. Позиция стороны обвинения или защиты реализуется посредством коммуникативного взаимодействия, прежде всего речи. У противоборствующих сторон в процессе должны быть равные процессуальные возможности по отстаиванию собственной позиции - равные возможности по представлению доказательств, равные возможности по исследованию доказательств, одинаковое положение с заявлением тех или иных ходатайств. По закону должно быть так - что дозволено одной стороне, то должно быть дозволено и другой стороне.

Вопрос о возможности наделения защитника правом проводить собственное расследование на досудебных стадиях возникал и бурно дискутировался при обсуждении трех проектов УПК РФ. Некоторые авторы считают, что введение этого института в УПК РФ через право и обязанность адвоката составлять "защитительное заключение" и представлять его в суд с обязательной процедурой вручения заинтересованным сторонам и публичного оглашения в начале судебного следствия наравне и в порядке, предусмотренном для обвинительного заключения, способствовало бы изложению систематизированной позиции защиты, обосновывало соответствие выводов фактическим материалам дела, подтвержденным помимо стороны обвинения собственными доказательствами, полученными в соответствии со ст. 82 УПК РФ, что в конечном итоге придало бы процессу реальную состязательность. [6,18]. На мой взгляд, урегулирование данного вопроса с помощью таких мер не достаточно.

Кроме того, на досудебной стадии уголовного судопроизводства подтверждением принципа состязательности также является право каждого участника на обжалование действий и решений суда и должностных лиц, осуществляющих уголовное судопроизводство (гл. 16 УПК РФ). Действия (бездействие) и решения органа дознания, дознавателя, начальника подразделения дознания, следователя, руководителя следственного органа, прокурора и суда могут быть обжалованы в установленном УПК РФ порядке участниками уголовного судопроизводства, а также иными лицами в той части, в которой производимые процессуальные действия и принимаемые процессуальные решения затрагивают их интересы (ст. 123 УПК РФ).

Состязательность сторон в уголовном процессе является не самоцелью, а средством установления истины об обстоятельствах, подлежащих доказыванию, с учетом позиции не только обвинения, но и защиты. Таким образом, истинному, правильному и справедливому правосудию в одинаковой степени необходимы и государственный обвинитель, и адвокат-защитник, поскольку только в споре этих процессуальных противников, борьбе их обоснованных позиций, мнений, суждений и доводов в уголовном судопроизводстве рождается истина об обстоятельствах, подлежащих доказыванию. [7, 35].

Таким образом, принцип состязательности сторон является одним из узловых моментов идеологии уголовного судопроизводства, обоснованно признается основополагающим для всего уголовного процесса, потому как призван обеспечить необходимую защиту прав и законных интересов граждан, участвующих в уголовном процессе, обеспечить равные возможности по отстаиванию собственных позиций и по предоставлению и исследованию доказательств по делу.

Источники:

[1] См.:Быков В.М. Проблемы обеспечения права обвиняемого на защиту // Российская юстиция. 2009. N 10. С. 8 – 9.

[2] См.: Ведищев Н.П. Особенности защиты при проведении предварительного слушания в суде с участием присяжных заседателей // Адвокат. 2011. N 3. С. 10 – 11.

[3] См.: Постановление Конституционного суда РФ "По делу о проверке конституционности положений статей 125, 219, 227, 229, 236, 237, 239, 246, 254, 271, 378, 405 и 408, а также глав 35 и 39 Уголовно-процессуального кодекса Российской Федерации в связи с запросами судов общей юрисдикции и жалобами граждан» от 8 декабря 2003 г. N 18-П. Доступ из СПС «Консультант плюс».

[4] См.:Гриненко А.В. Система принципов уголовного процесса и ее реализация на досудебных стадиях: Автореф. дис. ... д-ра юрид. наук. Воронеж, 2001. С. 11 - 23.

[5] См.:Адвокат: навыки профессионального мастерства / Под ред. Л.А. Воскобитовой. М., «Волтерс Клувер», 2006. 567с.

[6] См.:Трунов И., Трунова Л. Перспективы расширения состязательности процесса на стадии предварительного расследования // Адвокатские вести. 2001. N 12. С. 17-19.

[7] См.:Бородинова Т.Г., Демидов И.Ф. Обвинение и защита: проблема равных возможностей // Журнал российского права. 2005. N 2. С. 35 - 43.

Соколов Ю.В.

ассистент кафедры Гражданского права и процесса Государственного
университета управления

ПРОБЛЕМЫ ОПРЕДЕЛЕНИЯ КРИТЕРИЕВ КРУПНЫХ СДЕЛОК

Понятие «крупная сделка» встречается не в одном нормативно-
правовом акте, действующем на территории Российской Федерации. В
Российской федерации он введен сравнительно недавно после принятия
законов, регулирующих действие хозяйственных обществ как
коммерческих юридических лиц. Данный термин вводится нашим
законодателем с целью защиты интересов кредиторов, причем
применительно к сделкам с участием юридических лиц. Законодательство
и судебная практика, связанная с применением данного термина носит
неоднозначный характер и неоднозначное толкование.

Поэтому необходимо разобраться, в чем состоит определение понятия
«крупной сделки», значение введения данного понятия, разобраться с
последствиями несоблюдения правил совершения крупных сделок, и
наконец, рассмотреть все аспекты совершенствования законодательства,
связанного с совершением крупных сделок.

Прежде всего термин «крупная сделка» дается в законе №208 ФЗ от 26
декабря 1995г. «Об акционерных обществах», согласно ст.78 которого
«Крупной сделкой считается сделка (в том числе заем, кредит, залог,
поручительство) или несколько взаимосвязанных сделок, связанных с
приобретением, отчуждением или возможностью отчуждения обществом
прямо либо косвенно имущества, стоимость которого составляет 25 и
более процентов балансовой стоимости активов общества, определенной
по данным его бухгалтерской отчетности на последнюю отчетную дату, за
исключением сделок, совершаемых в процессе обычной хозяйственной
деятельности общества, сделок, связанных с размещением посредством
подписки (реализацией) обыкновенных акций общества, сделок, связанных
с размещением эмиссионных ценных бумаг, конвертируемых в
обыкновенные акции общества, и сделок, совершение которых обязательно
для общества в соответствии с федеральными законами и (или) иными
правовыми актами Российской Федерации и расчеты по которым
производятся по ценам, определенным в порядке, установленном
Правительством Российской Федерации, или по ценам и тарифам,
установленным уполномоченным Правительством Российской Федерации
федеральным органом исполнительной власти[1].», а затем в законе №14-ФЗ

---

[1] "Российская газета", N 248, 29.12.1995,
"Собрание законодательства РФ", 01.01.1996, N 1, ст. 1.

от 08.02.1998г., согласно ст.46 которого «Крупной сделкой является сделка (в том числе заем, кредит, залог, поручительство) или несколько взаимосвязанных сделок, связанных с приобретением, отчуждением или возможностью отчуждения обществом прямо либо косвенно имущества, стоимость которого составляет двадцать пять и более процентов стоимости имущества общества, определенной на основании данных бухгалтерской отчетности за последний отчетный период, предшествующий дню принятия решения о совершении таких сделок, если уставом общества не предусмотрен более высокий размер крупной сделки. Крупными сделками не признаются сделки, совершаемые в процессе обычной хозяйственной деятельности общества, а также сделки, совершение которых обязательно для общества в соответствии с федеральными законами и (или) иными правовыми актами Российской Федерации и расчеты по которым производятся по ценам, определенным в порядке, установленном Правительством Российской Федерации, или по ценам и тарифам, установленным уполномоченным Правительством Российской Федерации федеральным органом исполнительной власти.[2]»

Получается, что несмотря на одинаковый размер доли имущества для определения критериев крупной сделки как для акционерного общества, так и для общества с ограниченной ответственностью (напомним, что он составляет 25 и более % от стоимости активов акционерного общества, и 25% и более от стоимости имущества общества с ограниченной ответственностью), размер этой доли не всегда однозначен. Так, в акционерном обществе размер имущества для определения крупной сделки считается от стоимости активов общества на последнюю отчетную дату для бухгалтерского отчета. Под «стоимостью имущества» понимается не размер уставного фонда акционерного общества, а все-все имущество: недвижимость, ценные бумаги, основные средства, расходные материалы, офисная мебель…, которые отражены в бухгалтерском отчете на последнюю отчетную дату. И как Вы понимаете, размер имущества, постоянно находящегося в обороте постоянно изменяться в зависимости от частоты оборота и избранного обществом отчетного периода (а как известно отчетный период может исчисляться как ежеквартально, так и ежемесячно, и даже раз в полгода). Законодательство четко не определяет отчетный период, после которого и определяется размер имущества общества, из которого рассчитываются критерии определения размера крупной сделки. Следовательно, можно смело говорить о том, что для определения размера крупной сделки можно выбрать любой отчетный период, в том числе и для того, чтобы совершить сделку с максимальной

---

[2] "Собрание законодательства РФ", 16.02.1998, N 7, ст. 785,
"Российская газета", N 30, 17.02.1998.

для себя выгодой и выйти из-под действия данного закона. Другой проблемой определения «крупной сделки» является выражение в законе «совокупность взаимосвязанных сделок». Введение данного термина законодателем обусловлено необходимостью предупреждения «дробления» сделок по продаже, либо приобретению имущества акционерными обществами, с целью «ухода из-под действия законодательства о совершении обществами крупных сделок». Но вместе с тем, понятие «дробление» тоже может быть «размыто». Так, если в течение месяца или двух, или даже года общество постоянно приобретает однородные товары или услуги у одного поставщика, и суммарно стоимость всех закупленных товаров превышает 25% «стоимости имущества» общества, то скорее всего данную «совокупность сделок» можно рассматривать как крупную сделку и требовать от общества соблюдения законодательных последствий для крупных сделок. Но если говорить о приобретении товаров и услуг на сумму, по размеру подпадающую под крупную сделку у двух и более разных поставщиков, то отнесение «совокупности совершаемых сделок» к крупной сделке в данном случае лично мне не кажется разумным, ибо применение последствий крупной сделки отражается на ее сроках, и на имущественном обороте общества, что не может не отразиться на взаимоотношениях общества с другими субъектами на рынке.

Таким образом, при регулировании вопросов совершения обществами крупных сделок необходимо учитывать, что определение размера имущества для определения размера крупной сделки зависит от выбранных обществом отчетных периодов. При этом если речь идет об акционерных обществах, то речь идет о стоимости оборотных активов на отчетный период, указанных в бухгалтерском балансе, а если речь идет об обществах с ограниченной ответственностью, то речь идет о стоимости всего имущества общества. Поскольку в законах речь идет не только о сделках, а также и о «совокупности взаимосвязанных сделок», следует учитывать, что сознательное уменьшение стоимости сделок и «искусственное разделение их на периоды» может рассматриваться как «дробление сделки с целью выхода из-под действия законодательства».

Но это что касается определения крупных сделок, совершаемых хозяйственными обществами. Теперь немного коснемся случаев применения данного термина другими юридическими лицами, помимо хозяйственных обществ. Данный термин встречается еще и в законодательстве, регулирующем деятельность государственных и муниципальных предприятий, а также деятельность автономных учреждений. Примечательно то, что принцип применения законодательства о совершении крупных сделок идентичен с законодательством о крупных сделках в хозяйственных обществах, но цели применения, тем не менее, разные. Об этом свидетельствует, во-первых, иной размер крупной сделки (речь идет уже не о 25%, а о 10% от стоимости имущества), во-вторых, порядок одобрения, который все же отличается от того, что предусмотрен в хозяйственных обществах.

Разберем подробнее. Согласно ст.23 ФЗ №161-ФЗ от 14.11.2002г. «О ГОСУДАРСТВЕННЫХ И МУНИЦИПАЛЬНЫХ УНИТАРНЫХ ПРЕДПРИЯТИЯХ» «1. Крупной сделкой является сделка или несколько взаимосвязанных сделок, связанных с приобретением, отчуждением или возможностью отчуждения унитарным предприятием прямо либо косвенно имущества, стоимость которого составляет более десяти процентов уставного фонда унитарного предприятия или более чем в 50 тысяч раз превышает установленный федеральным законом минимальный размер оплаты труда.

2. Для целей настоящей статьи стоимость отчуждаемого унитарным предприятием в результате крупной сделки имущества определяется на основании данных его бухгалтерского учета, а стоимость приобретаемого унитарным предприятием имущества - на основании цены предложения такого имущества.

3. Решение о совершении крупной сделки принимается с согласия собственника имущества унитарного предприятия.[3]». Т.е. как мы видим, здесь речь идет о защите интересов собственника имущества, находящегося в хозяйственном ведении. На казенные предприятия данная статья не распространяется, поскольку уставной фонд согласно п.5 ст.12 того же Закона не формируется. В отличие от хозяйственных обществ понятие «крупной сделки» у государственных и муниципальных унитарных предприятий выделены четкие параметры ее определения (… «более десяти процентов уставного фонда унитарного предприятия или более чем в 50 тысяч раз превышает установленный федеральным законом минимальный размер оплаты труда.»). Кроме того, здесь отсутствует коллизия норм о параметрах крупной сделки с одной стороны и понятием «текущей хозяйственной деятельности»- с другой, присущая законодательству о хозяйственных обществах. Однако следует отметить и недостаток, связанный с применением положений о крупной сделке к государственным и муниципальным унитарным предприятием. Связан он прежде всего с частотой применения данных положений к регулярной хозяйственной деятельности, что в конечном счете не сможет не сказаться на экономической составляющей деятельности предприятия. При этом законодательство не предусматривает возможность изменения параметров крупной сделки для государственных и муниципальных унитарных предприятий, скажем, путем увеличения допустимого размера и параметров крупной сделки для конкретного унитарного предприятия.

---

[3] "Российская газета" от 3 декабря 2002 г., № 229 (3097).

Еще понятие «крупная сделка» встречается в законе «Об автономных учреждениях» №174-ФЗ от 03.11.2006. Это понятие упоминается в двух статьях этого закона – ст.ст. 14, 15: «…. крупной сделкой признается сделка, связанная с распоряжением денежными средствами, привлечением заемных денежных средств, отчуждением имущества (которым в соответствии с настоящим Федеральным законом автономное учреждение вправе распоряжаться самостоятельно), а также с передачей такого имущества в пользование или в залог, при условии, что цена такой сделки либо стоимость отчуждаемого или передаваемого имущества превышает десять процентов балансовой стоимости активов автономного учреждения, определяемой по данным его бухгалтерской отчетности на последнюю отчетную дату, если уставом автономного учреждения не предусмотрен меньший размер крупной сделки.

Статья 15. Порядок совершения крупных сделок и последствия его нарушения

1. Крупная сделка совершается с предварительного одобрения наблюдательного совета автономного учреждения. Наблюдательный совет автономного учреждения обязан рассмотреть предложение руководителя автономного учреждения о совершении крупной сделки в течение пятнадцати календарных дней с момента поступления такого предложения председателю наблюдательного совета автономного учреждения, если уставом автономного учреждения не предусмотрен более короткий срок.

2. Крупная сделка, совершенная с нарушением требований настоящей статьи, может быть признана недействительной по иску автономного учреждения или его учредителя, если будет доказано, что другая сторона в сделке знала или должна была знать об отсутствии одобрения сделки наблюдательным советом автономного учреждения.

3. Руководитель автономного учреждения несет перед автономным учреждением ответственность в размере убытков, причиненных автономному учреждению в результате совершения крупной сделки с нарушением требований настоящей статьи, независимо от того, была ли эта сделка признана недействительной[4].»

Опять же как мы видим, совершение крупной сделки в автономном учреждении отдается на откуп собственнику имущества, на базе которого оно создано, в целях защиты его интересов, однако, для определения размера крупной сделки за основу необходимо брать стоимость активов учреждения.

---

[4] "Собрание законодательства РФ", 06.11.2006, N 45, ст. 4626,
"Российская газета", N 250, 08.11.2006,
"Парламентская газета", N 185-186, 09.11.2006.

Вместе с тем, также существует проблема разграничения понятий «крупная сделка» и «сделка, совершенная в процессе обычной хозяйственной деятельности», которая в понятие «крупная сделка» не входит. Связана эта проблема с тем, что нет четкого определения понятия «сделка, совершенная в процессе обычной хозяйственной деятельности», а также определения того, что в итоге отнести к крупной сделке, а что к «сделке, совершенной в процессе обычной хозяйственной деятельности».

Так или иначе, необходимость введения института крупной сделки в наше законодательство кроме защиты интересов кредиторов, о чем говорилось ранее, обусловлено и защитой интересов самих обществ от рисков, связанных с утратой имущества общества, либо его большей части и доведения общества до состояния банкротства. Следует отметить, что институт «крупная сделка» не применяется к иным коммерческим юридическим лицам, где учредители несут субсидиарную имущественную ответственность, т.е. ни к производственному кооперативу, ни к хозяйственным товариществам.

Вместе с тем, по своей природе, несоблюдение порядка совершения крупных сделок для хозяйственных обществ влечет последствия, предусмотренные гражданским законодательством для оспоримых сделок. Напомним, что порядок совершения обществами крупных сделок заключается в необходимости ее рассмотрения на общем собрании участников (акционеров), либо на совете директоров (на наблюдательном совете). В крупных обществах это бывает достаточно проблематично, поскольку крупные сделки носят достаточно частый характер. Но вместе с тем законодатель предусматривает возможность для обществ предусмотреть в уставах увеличение размера крупной сделки (свыше 25%), но при этом не предусматривает возможности изменения порядка одобрения (скажем, упрощения).

Следует отметить, что положения законодательства о крупных сделках не применяется в случаях, предусмотренных Федеральным законом «Об организованных торгах[5]» №325-ФЗ от 21 ноября 2011г, где сказано, что к центральному контрагенту не применяются правила действующего законодательства о крупных сделках в случаях участия «открытых акционерных обществ, имеющих стратегическое значение для обеспечения обороны страны и безопасности государства, а также требования федеральных законов о раскрытии информации лицом, которое приобрело либо косвенно получило возможность распоряжаться определенным процентом голосов по размещенным обыкновенным акциям акционерного общества».

---

[5] "Парламентская газета", N 51, 25.11.2011,
"Российская газета", N 266с, 26.11.2011,
"Собрание законодательства РФ", 28.11.2011, N 48, ст. 6726

Судебная практика применения законодательства о крупных сделках свидетельствует о презумпции добросовестности сторон сделки, т.е. право требования признания крупной сделки недействительной принадлежит обеим сторонам, исходя из того, что стороны знали или должны были знать о необходимости соблюдения особого порядка совершения крупных сделок. Так, в качестве примера можно привести постановление ФАС от 24 мая 2012 г. по делу N А56-13041/2011 Северо-Западного административного округа. Иск был удовлетворен, поскольку по материалам дела в совершении крупной сделки не участвовал акционер, обладатель 90% акций, а сделка для общества являлась крупной.

Вместе с тем, наличие признаков крупной сделки не может служить основанием для государственных регистрационных органов в отказе в регистрации таких сделок при непредоставлении сторонами доказательств соблюдения порядка совершения крупных сделок, поскольку в перечень документов, предоставляемых на регистрацию документы о соблюдении порядка совершения крупных сделок не входят (ред постановления ФАС СЗФО от 21 мая 2012 г. по делу N А56-45720/2011)

Проблема совершенствования действующего законодательства о совершении крупных сделок состоит в необходимости защиты интересов кредиторов обществ, а именно мелких участников, имеющих незначительную долю имущества в обществах. В акционерных обществах речь идет о защите т.н. миноритарных акционеров, чей размер доли как правило составляет не более 10% от стоимости уставного капитала. Защита их интересов может состоять либо в отказе законодателя от предоставления возможности обществам изменять порядок совершения крупных сделок с помощью предусмотрения отдельных положений устава, либо уменьшения размера крупной сделки для обществ хотя- бы до 20 % от стоимости оборотных активов, причем установленных годовым отчетом. Это дает гарантию того, что в утверждении годового отчета будет принимать участие общее собрание акционеров (участников). Кроме того, не помешает ввести определение понятий «сделка, совершенная в процессе обычной хозяйственной деятельности» и «совокупность взаимосвязанных сделок» с целью исключения злоупотребления в трактовании как непосредственно хозяйствующими субъектами, так и органами государственной власти и местного самоуправления.

Следует также отметить, что с крупными сделками практически везде соседствуют так называемые «сделки с заинтересованностью». Принцип применения законодательства, порядок совершения сделок, а также последствия несоблюдения порядка совершения таких сделок что для крупных сделок, что для сделок с заинтересованностью совершенно идентичен. Кроме того, цель введения институтов крупной сделки и сделки с заинтересованностью практически идентичен- защита интересов кредиторов и непосредственно обществ от неразумного использования имущества, принадлежащего обществу. Но вместе с тем, основания для применения правил совершения таких сделок у крупных сделок и у сделок с заинтересованность различен, но сделки с заинтересованностью являются отдельным предметом исследования.

www.ingramcontent.com/pod-product-compliance
Lightning Source LLC
Chambersburg PA
CBHW071419170526
45165CB00001B/333